KB147999

나도 엄마로 사는 건 처음이야

육아가 쉬워지는
91가지 키워드

육아가 쉬워지는 91가지 키워드

초판 1쇄 2018년 2월 14일
2판 1쇄 2018년 3월 23일

지은이 | 변정은 & 싱글북스 편집부

펴낸곳 | 싱글북스
발행인 | 문선영
주 소 | 서울특별시 중구 을지로 14길 20, 5층 출판그룹 한국전자도서출판
홈페이지 | www.koreaebooks.com / www.singlebooks.co.kr
이메일 | contact@koreaebooks.com
전 화 | 1600-2591
팩 스 | 0507-517-0001
원고투고 | edit@koreaebooks.com
출판등록 | 제2017-000078호
ISBN 979-11-961544-0-0 (03590)

Copyright 2018 변정은, 싱글북스 All rights reserved.

본 책 내용의 전부 또는 일부를 재사용하려면 목적여하를 불문하고
반드시 출판사의 서면동의를 사전에 받아야 합니다.
위반 시 민·형사상 처벌을 받을 수 있습니다.

잘못된 책은 구입처에서 바꿔드립니다.
저자와의 협의 하에 인지는 생략합니다.
책값은 본 책의 뒷표지 바코드 부분에 있습니다.

싱글북스는 출판그룹 한국전자도서출판의 출판브랜드입니다.

나도 엄마로 사는 건 처음이야

육아가 쉬워지는
91가지 키워드

S
싱글북스

| 차례 |

1장 parenting skills

2장 growth check

"열등감과 우월감에 관한 모든 문제는 아이가 학교에 들어가기 전 집에서 보낸 삶에서 비롯된다. 학교에서 드러나는 친구나 선생님과의 관계는 이전에 형성된 관계를 되풀이하는 것에 불과하다. 학교에 가서 문제가 생기는 아이는 없다. 이전에 가지고 있던 문제가 드러나는 것일 뿐이다"

- 알프레드 아들러(Alfred Adler, 1870~1937, 심리학자)

많은 엄마가 아이를 키우면서 이런 말을 합니다. "누군가 내게 육아에 대한 정답을 알려줬으면 좋겠어." 네, 육아에는 정답이 없습니다. 그저 내 아이의 상황에 맞춰 엄마가 적절히 대처하면 됩니다. 하지만 육아가 처음인 엄마들의 불안감은 날이 갈수록 불어나기 마련이죠. 불현듯 자신만이 아이를 잘 못 키우고 있다는 생각에 스스로 자책하게 됩니다.

물론 엄마도 틀릴 수 있어요. 육아 서적에서 배운 대로 육아를 한들 아이 성향이 제각각인데 그게 책처럼 딱 맞아떨어질 리가 없잖아요. 책에서 배운 대로 했는데 결과가 나오지 않으면 다른 방법을 찾으면 됩니다. 엄마가 유연하게 대처해야 하루가 다르게 변화하는 아이를 올바르게 키울 수 있어요. 육아에 불안과 초조함이 깃들 때마다 잘 키운다는 의미를 다시 한번 곱씹어보세요.

아이가 처음 태어날 때를 돌이켜 보면 그때 그 순간이 얼마나 신비롭고 경이로웠는지 기억날 거예요. 아이가 커가는 걸 보면 아마도 그 순간의 감정을 새롭게 느끼게 될 겁니다. 엄마가 인위적으로 뭘 하지 않아도 아이는 아이의 흐름대로 잘 커 가고 있습니다. 아이를 어떻게 키울까에 초점을 맞추지 말고 아이의 성장 변화 과정을 엄마인 내가 어떻게 도와줄 수 있을까에 맞춰보세요. 엄마가 나서서 아이의 성장을 주도하는 대신 아이의 성장을 도와준다는 의미에서 지켜본다면 육아가 조금은 수월해지지 않을까요.

아이를 키우면서 많은 엄마가 시행착오를 겪습니다. 수많은 실수 가운데서도 유독 헷갈리고 기준이 모호한 일들이 많죠. 그중 육아에 도움 되는 91가지의 키워드를 골라봤습니다. 물론 여기에 나온 정보가 내 아이에게 꼭 맞는 맞춤 정보는 아닐지라도 고된 육아로 힘든 초보 엄마들에게 조금이나마 도움이 되길 바라는 마음으로 정리했어요. 아이를 어떻게 만들려고 하지 말고 애정을 갖고 바라봐주세요, 온 마음을 다해 아이를 사랑하세요. 그리고 잘 자라고 있는 그 자체로 감사하세요. 엄마의 마음은 아이에게 고스란히 전달됩니다.

저자 변정은 & 싱글북스 편집부

1장
parenting skills

01
가르치는 훈육, 혼내는 훈육

*"아이도 잘못할 수 있다는 생각을 기본으로
아이 행동의 이유를 살펴본 뒤 훈육하세요."*

많은 엄마가 아이에게 잘못한 점을 가르친다는 이유로 훈육을 하고 혼을 내지만 정작 아이들은 가르침을 제대로 받지 못하는 경우가 많다. 이는 기본적으로 부모가 가르침과 혼내는 것의 차이를 잘 알지 못해서 일어나는 일이다. 혼내는 것은 주로 부모가 자신의 화를 제어하지 못해서 일어나는 것으로 부모는 가르침이라고 생각하지만, 객관적인 측면에서 보면 그저 아이에게 화를 내는 경우가 대부분이다.

아이를 훈육할 때는 '아이들은 잘못할 수 있어'라는 기본적인 생각을 먼저 가지고 있어야 하며, 지금 아이가 왜 그렇게 행동을 했는지 살펴봐야 한다. 이 과정을 제대로 살펴보지 않고 하지 말아야 할 행동을 하고 있다고만 여기면 바로 혼을 내게 된다. 다시 말해 잘못한 행동에 대해서 곧바로 꾸중하면 혼내는 훈육이지만, 상황을 파악하는 단계를 거쳐 아이에게 충분히 설명한 뒤 다음에는 아이 스스로 행동을 제어하거나 바뀌게 할 수 있다면 그건 가르치는 훈육이다.

혼내는 훈육은 두려움만 불러일으킨다

가르치는 훈육은 잘못된 행동을 변화시켜 아이 스스로 자신이 한 일에 대해서 생각할 수 있게 만든다. 지금 한 번은 잘못했지만, 이후에는 잘하도록 만드는 방법이다. 이에 반해 혼내는 훈육은 지금의 잘못을 뉘우치게 하는 것이 아니라 두려운 상황을 만드는 것이다. 즉, 자신의 행동을 되돌아 생각하기보다는 두려운 상황을 그저 빠져나가고 회피하고 싶게 만든다.

부모가 아이의 잘못된 행동에 관해 설명을 해주고 설명을 들은 아이가 다시는 하지 않겠다고 말한다면, 이는 잘못을 뉘우치고 있다는 얘기다. 하지만 "너 그렇게 할래, 안 할래?"라는 혼이 나는 불안한 상황에서 아이가 "안 할게요." 라고 말한다면, 이는 뉘우치는 것이 아니라 지금 상황이 무서워 탈출하고 싶은 자동적 답변이라고 할 수 있다. 한 마디로 생각하지 않고 대답을 하는 상황이 연출되는 것이다.

이러한 상황이 이어지면 설령 잘못하고도 잘못했다는 대답을 기계적으로 하게 되고, 뒤이어 그 잘못된 행동을 반복하게 된다. 결국, 반복되는 아이의 잘못된 행동에 부모는 다시금 혼을 내게 되고, 심지어 매를 드는 상황도 생긴다. 아이는 이런 상황을 회피하기 위해 자동으로 대답을 하는 악순환이 되기도 한다.

| STEP 1 | 아이의 처지를 생각하고 공감한다

지금 한 행동에 대해서 아이의 생각을 충분히 들어주도록 한다. 이야기를 듣다 보면 아이의 입장을 알게 되고, 아이의 생각을 들으면 어떤 생각을 고쳐줘야 할지도 자연히 알게 된다. 잘못된 행동을 하게 만든 생각을 찾아내어 대화를 통해 그것이 잘못된 생각임을 알려주는 것이 가장 현명한 방법이다.

| STEP 2 | 나쁜 결과를 사용해 '아차! 체험'을 시킨다

대부분 아이는 다음 상황을 예견하지 못해 일을 저지르는 경우가 많고, 그래서 사고가 발생하기도 한다. 아이의 행동이 어떤 결과를 초래할지를 알게 된다면 자신의 행동을 조절할 수 있다. 아이의 행동으로 인한 나쁜 결과를 미리 알려줘 아이 스스로 무엇이 잘못되었는지, 왜 그런 행동을 하면 안 되는지를 깨닫게 한다.

| STEP 3 | 아이에게 바라는 것을 설명한다

2단계를 거친 아이는 자신이 어떤 행동을 하면 안 되는지는 이해하지만, 대신 어떤 행동을 해야 하는지는 모를 수 있다. 이때 부모가 바라는 것과 대처할 방법에 대해 알려주어야 한다.

| STEP 4 | 연습을 시킨다

가상의 상황을 만들어 이럴 때는 어떻게 해야 하는지를 미리 연습해 본다. 그냥 말로 설명만 듣는 것보다 실제로 행동하며 연습했을 때 나중에 같은 상황이 발생하더라도 올바르게 대처할 확률이 높아진다.

02
거짓말

---

*"허무맹랑하고 악의가 없는 거짓말도
그때그때 바로 잡아주어야 합니다."*

  아이들은 36개월 전후로 거짓말을 시작한다. 이 시기에는 악의를 가지고 누군가를 속이려는 목적으로 거짓말을 하는 게 아니라, 대부분 현실과 판타지를 구별할 수 없어 자신도 모르게 하는 경우가 대부분이다. 가령 "곰이 춤을 추다가 하늘을 날았어요.", "아빠랑 형이 하늘을 날아다녔어요." 등 만화 속에서 본 것을 그대로 이야기하는 것으로, 의도한 거짓말은 아니지만 듣는 사람의 경우 거짓말이라는 것을 안다. 내 아이가 종알종알 말을 늘어놓는 것이 마냥 귀여워 마구 맞장구를 쳐주고 싶겠지만, 의도야 어찌 됐든 아이가 거짓말을 하면 부모는 올바르게 바로잡아줄 필요가 있다.

  일단 아이가 이런 거짓말을 늘어놓으면 먼저 이야기를 들어본 뒤 현실과 가상을 명확하게 구분 짓는다. 만약 만화 속 판타지를 사실처럼 말한다면 "그 말은 거짓말이야."라고 말해준다. 그러나 사실과 판타지를 구분하려고 정색을 하며 이것저것 묻는 것은 그다지 좋지 않다.

아니라는 것을 정확하게 한 번만 아이에게 인지시킨 후 자연스럽게 다른 쪽으로 관심과 화제를 돌린다.

대개 이런 종류의 거짓말은 엄마도 익숙한 만화 속 이야기일 가능성이 크다. 아이의 거짓말에서 함께 본 만화가 연상된다면 "아, 그래? 그때 만화 속에서 곰이 추다가 하늘을 날아갔지. 그게 생각났구나." 라는 식으로 대답해 아이가 만화 속에서 본 장면을 말했다는 것을 자연스럽게 인지시킨다.

아이는 거짓말로 얻고 싶은 게 있다

만 3세 전후의 아이들이 허무맹랑한 만화 속 이야기로만 거짓말을 하는 것은 아니다. 이 시기에 장난처럼 하는 거짓말은 무조건 반대로 말하기다. "안 맛있어.", "안 씻어.", "안 재미있어.", "안 가." 등 모든 단어에 '안'을 붙이는데, 이럴 때마다 상황에 맞는 옳은 말을 계속해주는 것이 좋다.

그리고 아이가 무언가를 얻어내기 위해 하는 거짓말도 있다. 예를 들어 "엄마, 어린이집 선생님이 오늘 나 밥 잘 먹었다고 엄마한테 인형 사달라고 하랬어." 라고 말하면 아이가 보는 앞에서 직접 선생님께 확인해보는 등 거짓말을 하면 바로 밝혀진다는 사실을 직접 보여준다.

한편 아이들은 부모의 관심을 얻기 위해서도 거짓말을 한다. 특별히 다친 곳이 없는데 어딘가가 아프다고 하는 아이는, 엄마의 관심을 받고 싶은 속마음을 거짓말로 표현하고 있는 셈이다. 다시 말해 엄마의 보살핌을 받을 수 있는 상황을 만들어 자신이 사랑받고 있음을 확인하고 싶은 것이 바로 아이의 마음이다.

이럴 때는 관심 받고 싶은 아이의 마음을 엄마가 한껏 받아주는 게 좋다. "우리 아가, 여기가 아파? 엄마가 호 불어줄게. 그런데 엄마가 보기에는 많이 아플 것 같진 않네." 와 같은 깊은 사랑과 관심은 보여주되, '엄마는 네가 아프지 않다는 것을 안다'는 뉘앙스는 슬쩍 풍기는 것이 좋다.

잘못된 훈육은 거짓말을 반복하게 만든다

아이가 거짓말을 했을 때 꼭 주의해야 할 점은 절대 화를 내거나 꾸짖어서는 안 된다는 점이다. 이 시기의 아이들은 잘못이라는 사실 자체를 이해하지 못하므로 벌을 주는 건 바람직한 해결법이 아니다. 화를 내면서 꾸짖으면 돌아오는 건 아이의 반복되는 거짓말뿐이다. 아이가 거짓말을 시작하면 동화를 이용해 거짓말은 잘못된 것이라는 사실을 꾸준히 일깨워주도록 한다. 이때 동화는 〈피노키오〉, 〈양치기 소년〉과 같이 거짓말을 소재로 한 것이 적합하다.

만약 아이가 습관적으로 여러 종류의 거짓말을 한다면 일방적인 꾸중보다는 아이가 직접 거짓말로 인해 부끄러움을 느끼게끔 분위기를 조성할 필요가 있다. 거짓말한 것이 들통났을 때 느끼는 부끄러움, 부정적인 감정 등을 아이가 말로 표현할 기회를 주는 것이 백 마디 꾸중보다 훨씬 효과적이다.

03
거친 말투

"아이가 거친 말을 쓸 때는 나름의 이유가 있으니
주변 상황을 잘 살펴보세요."

아이마다 개인차가 있기는 하지만 유치원을 다닐 정도의 나이가 되면 여자아이보다 남자아이들이 다소 거칠어질 수는 있다. 하지만 36개월 전후 아이들의 공격적 성향은 보통 세 가지 경우에서 원인을 찾을 수 있다.

① 관심받고 싶어요

보통 부모들은 아이가 거친 말을 하면 매우 놀라서 고쳐주려 하거나, 반대로 아이가 그런 말을 하면 신기해하기도 한다. 어쨌든 둘 다 아이로서는 관심을 받는 것으로, 지나친 관심을 보이면 아이는 꾸중을 듣더라도 계속해서 거친 말을 일부러 사용할 수 있다.

→ 무시와 칭찬

아이 말투가 거친 경우 무엇보다 부모의 반응이 중요하다. 관심을 받고 싶어서 아이가 거친 말을 쓸 때는 철저히 무시해 거친 말투는 절대 관심을 끌 수 없다는 것을 스스로 알게끔 해야 한다. 또한, 아이가 좋은 행동을 하거나 적절한 언어를 사용하는 경우에는 큰 관심과 함께 칭찬해준다. 아이의 거친 말에 부모가 무관심을 보이면 아이는 일시적으로 더 거친 말을 쓸 수도 있다. 일관성을 가지고 아이의 행동이 변화할 때까지 지속하는 것이 중요하다.

② 형제 사이의 문제

다른 사람에게는 그러지 않는데 유독 동생이나 형, 누나에게만 거친 말을 쓸 때는 형제 사이에 심리적 어려움을 겪고 있는 경우가 많다.

→ 부모의 태도 점검하기

형제에게만 거친 말을 쓰는 경우 아이들을 대하는 부모의 태도를 한 번쯤 점검해보도록 한다. 형제로 인한 스트레스와 미움이 거친 말과 행동으로 나타날 수도 있다. 부모가 특정 아이를 편애하거나 과잉보호를 하는 건 아닌지 생각해보자. 부모의 이런 행동은 아이에게 큰 스트레스를 준다.

형제가 싸우거나 서로 고자질을 한 경우 부모는 위험한 상황이 아닌 한 아이들의 싸움에 물리적으로 개입하지 말고 아이들끼리 해결하게 한다. 무엇보다 부모가 처음부터 정확히 본 것과 들은 것이 아니라면 잘잘못을 훈계하지 않는 게 좋다.

우선 아이들을 서로 다른 공간에 떼어놓고 일정 시간 동안 스스로 생각할 시간을 준다. 또한, 아이들이 서로 고자질을 할 때는 아이 각각의 말은 친절히 들어주고 공감해주되 아이들을 똑같이 대하고, 결코 어느 한쪽 편을 들거나 힘을 실어주어서는 안 된다.

③ 주변 환경의 영향

아이에게 거친 말을 하는 부모는 없다. 그런데도 아이가 거친 말을 배우고 따라 하는 것은 TV나 스마트폰 등의 영상 매체를 통해서, 혹은 밖에서 자주 접하는 사람이나 놀이터 등지에서 듣고 따라 하는 것일 수 있다.

→ 유해 환경으로부터 아이 지키기

아이가 욕설이나 거친 말을 하면 부모들은 "얘가 이런 말을 어디서 배워왔지?"하며 놀라지만, 사실 아이는 부모에게서 배웠을 가능성이 가장 크다. 아이가 듣지 않겠거니 생각하고 비속어 섞인 전화 통화를 하거나 주변 사람들과의 대화를 아이가 듣고 그대로 따라 한 것일 수 있다. 부모가 아니더라도 자주 접하는 할머니, 할아버지, 이모, 삼촌 등 친지를 통해서일 수도 있다. 따라서 아이가 거친 말을 한다면 먼저 아이를 둘러싼 어른들의 언어 사용 방식을 점검해본다. 그리고 TV나 스마트폰 등 영상 매체를 통해 아이들이 비속어나 저속한 표현을 배우지 않도록 시청 내용을 관리한다.

나쁜 말은 하는 즉시 바로잡아줘야 한다

아이에게 나쁜 말을 가르치는 부모는 없다. 따라서 아이가 나쁜 말을 한다는 것은 아이의 사회적 관계가 넓어지고 있다는 것을 뜻한다. 가족으로 한정된 인간관계를 벗어나 또래나 대중매체 등과 상호 교류를 하면서 나쁜 말을 배운 것이다.

4세 무렵 아이들은 나쁜 말의 의미를 정확히 알고 하기보다는 그저 새로운 단어라고 생각하고 그냥 따라 하는 경우가 많다. 따라서 아이가 나쁜 말을 한다고 해서 아이에게 무슨 문제가 있는 건 아닐까 하고 걱정할 필요는 없다. 그렇다고 나쁜 말을 하는데 그냥 두어서도 안 된다. 성장 과정으로 받아들이되 나쁜 말이 아닌 바른말로 올바르게 자기 의사를 표현하는 방법을 가르쳐야 한다.

| STEP 1 | 그 즉시 바로잡기

별 뜻 없이 장난으로 하는 나쁜 말이라도 발견 즉시 바로잡아주어야 한다. 잘못을 현장에서 짚어줘야 효과적으로 고칠 수 있다. 주변에 사람들이 있다고 해서 혹은 당장 바쁜 일이 있다고 해서 다음으로 미루는 순간 아이는 욕을 해도 괜찮다고 생각하기 쉽다. 이 시기의 아이들은 사회적으로 승인된 행동을 하고 칭찬받고 싶은 욕구가 강하기 때문에 행동한 즉시 알려주면 제대로 이해할 수 있다.

| STEP 2 | 부드러운 목소리와 단호한 어조

바닥을 구르거나 소리를 지르고 떼를 쓰는 것으로 자신의 화나는 감정을 표현하던 아이들이 36개월이 가까워지면 위협적인 말로 표현하기 시작한다. 이는 자신의 감정을 위협적으로 표현함으로써 상대방을 화나게 하려는 것이다. 이런 경우에는 단순한 모방이 아니라 나쁜 말의 기능을 알고 사용하는 것이므로 단호하게 대처해야 한다. 단, 화를 내는 것은 아이의 의도에 넘어가는 것이므로 부드러운 목소리로 단호하게 이야기하도록 한다.

| STEP 3 | 대화로 설명하기

아이가 자신의 화나는 감정을 표현하기 위해 나쁜 말을 사용했다면 기분이 어떨 때 나쁜 말을 쓰는지, 나쁜 말을 쓰면 어떤 점이 안 좋은지 대화를 통해 아이 스스로 답을 찾게끔 유도한다. 대화가 다소 길더라도 포기하지 말고 아이가 나쁜 말을 사용한 이유, 나쁜 말을 썼을 때의 기분, 나쁜 말을 들은 상대방의 기분은 어떤지 등을 얘기해줘 바른 해결 방법을 아이 스스로 깨닫게 한다.

| STEP 4 | 대안 제시하기

아직 사고가 발달하지 않은 아이들이 화나는 순간마다 말로 감정을 표현하기는 어렵다. 그래서 자신도 모르게 나쁜 말을 사용하기도 한다. 이때는 나쁜 말 대신 사용할 수 있는 표현을 알려주는 것이 좋다. "아이, 참", "나 지금 기분이 나빠!" 등 감정 표현 수단으로 쓸 수 있는 말이라면 어떤 것이든 좋다. 처음에는 아이도 부모도 힘들 수 있으나 꾸준히 교육하면 나쁜 말 하는 버릇을 바로잡을 수 있다.

| STEP 5 | 칭찬하기

나쁜 말을 지적할 필요도 있지만 나쁜 말을 사용하지 않았을 때 칭찬하는 것도 매우 중요하다. 아이가 나쁜 말을 사용하지 않는다는 것만으로도 얼마든지 칭찬할 수 있다. 지적보다는 칭찬의 효과가 더 좋다는 것을 기억한다.

| STEP 6 | 아이는 부모의 거울임을 잊지 말 것

아이들의 나쁜 말은 모방이며, 언어는 생활 습관이다. 부모가 고운 말을 쓰고 감정을 바르게 표현하는 것을 보며 자란 아이들이 올바르고 풍요로운 언어생활을 할 수 있다.

04
고자질

—

"아이의 고자질 속에는
하고자 하는 말이 담겨 있으니 잘 반응해줘야 해요."

생후 36개월은 지능이 급속도로 발달하고 자아관까지 형성되어 뭐든 혼자 하고 싶어 하는 시기로, 대개 이때부터 고자질하는 아이들이 생긴다. 이 시기의 아이는 또래 아이와 자신을 비교해 자신의 능력을 검증하려 하고 또 인정받고 싶어 한다.

하지만 자신의 의지와 달리 아직은 문제 해결 능력이 미숙해 많은 일에 어른의 도움이 필요하다. 이 과정에서 아이는 고자질을 한다. 잘못된 친구의 행동을 발견하면 그것을 일러 자신의 우월함을 인정받으려 하고, 자신의 힘으로 해결하지 못 하는 일이 발생하면 고자질로 도움을 요청하는 것이다. 이처럼 아이들이 고자질 속에 숨기는 욕구는 두 가지로 나뉜다. 속뜻이 다른 만큼 그에 따른 대응도 달라야 한다.

① 인정받고 싶은 욕구

다른 사람의 잘못을 고자질하며 자신의 착함을 인정받고 싶은 경우다. 평소 부모의 훈육이 지나치게 엄격하거나 좌절감을 자주 경험한 아이일 경우 자존감이 낮고 불안감과 죄책감이 커 고자질을 통해 자신을 내세우고 인정받고 싶어 하는 모습을 자주 보인다.

이러한 마음으로 고자질하는 아이에게 무시와 냉담한 태도를 보이면 아이는 더 큰 상처를 받는다. 옳고 그름에 관한 판단을 인정하고 아이의 말에 공감하며 잘 들어주는 것이 중요하다. 다른 사람의 행동을 비난하기보다는 잘못을 감싸주고 따뜻하게 용서하는 모습을 보여주도록 가르친다.

한편, 시기심이나 열등감으로 고자질을 하거나 흉을 보는 행위에는 무관심하게 반응하는 것이 좋다. 친구가 책을 찢었다고 고자질하는 아이에게는 "친구가 책을 찢었구나. 맞아, 그건 잘못된 행동이란다. 친구가 다시 책을 테이프로 붙이고 제자리에 정리할 수 있도록 우리 같이 도와주자.", 친구가 오줌을 쌌다고 이르는 아이에게는 "친구가 바지에 오줌을 쌌구나. 친구는 얼마나 속상할까? 친구한테 '괜찮아, 울지마'라고 말해주자."라는 식으로 대응한다.

② 도움이 필요한 경우

다른 사람의 행동으로 자신이 피해를 봤다는 억울함을 해결하기 위함이다. 5세 이후가 되어야 상황 판단 능력이 좋아지기 때문에 36개월가량 아이에게서는 인정받고 싶다는 의미의 고자질보다 도움을 청하기 위한 고자질이 더 많이 나타난다. 또한, 과잉보호하는 부모 품에서 자란 아이들은 또래 아이들과 어울릴 기회가 적어 상호작용 기술이 부족하고 어른에게 의지해 문제를 해결하려고 한다.

이럴 때 무조건 부모가 나서서 해결해주면 아이의 고자질은 더욱 심해진다. 아이 스스로 문제를 해결할 수 있도록 방법을 제시하고 격려해준다. 이때 아이의 속상한 마음을 먼저 읽어주는 것이 필요하다. 친

28

구가 자신의 장난감을 빼앗아갔다고 말하는 아이에게는 "친구가 장난감을 빼앗아가서 속상했구나.", 친구가 밀치거나 때렸다고 말하는 아이에게는 "친구가 때려서 아팠겠구나."라고 말한다. 그런 다음 해결할 방법을 알려준다. " '내 장난감을 돌려줘'라고 말해봐."이렇게 아이가 고민하는 문제를 함께 해결하고 대처하는 방법을 알려줌으로써 서서히 아이 스스로 문제를 해결할 수 있도록 유도한다.

아이의 고자질 유형에 따라 대처한다

아이가 고자질을 시작하면 일단 그 이야기를 다 들은 뒤 간단하게 대답하고 즉시 자리를 떠난다. 아이의 고자질을 통해 나쁜 짓을 한 누군가가 벌을 받아야 하는 상황이라면 고자질한 아이가 보지 않는 곳에서 벌을 준다. 아이들이 보는 앞에서 지목한 아이를 혼내는 것은 아이의 고자질을 부추기는 행동이 될 수 있다.

습관적으로 고자질하는 아이는 고자질을 하지 않고 문제를 해결했을 때 아낌없이 칭찬해준다. 그러면 아이는 고자질을 하지 않아도 충분히 부모와 선생님의 주의를 끌 수 있다는 것을 몸소 느끼게 된다. 다른 아이의 나쁜 점을 말할 때는 담담한 반응으로 대처하며, 중요하게 생각하지 않는다는 제스처를 보여줄 필요가 있다. 그러나 부모나 선생님의 냉담한 태도는 관심받고자 하는 아이에게 상처를 주게 되므로 아이가 고자질할 때는 간단한 반응을 보여주는 것이 좋다.

05
공공장소 훈육

"잘못된 훈육은 생각하는 아이가 아니라
눈치 보는 아이로 자랄 수 있게 합니다."

　훈육은 아이의 잘못된 행동을 아이 스스로 알게 하고 반복되지 않도록 하는 것이 목적이다. 그리고 가장 중요한 것은 아이가 이해할 수 있는 상황이어야 한다는 점이다. 아이의 자존심을 세워주지 않는 훈육은 단순한 부모의 화풀이에 지나지 않는다는 것을 명심한다.

　특히 무작정 소리치고 체벌하는 훈육은 절대 하지 말아야 한다. 이는 아이에게 바른길을 알려주는 것이 아니라 그 순간의 공포 상황에 아이가 위축되어 자신의 잘못을 스스로 반성할 기회를 얻지 못하게 만든다. 즉, 당장은 아이가 그런 행동을 하지 않지만, 그와 비슷한 상황이 벌어질 때 언제든 문제 행동을 다시 할 수 있다는 의미다.

　아이 스스로 잘못된 행동임을 인지한 뒤 고치려 마음먹고 행동하게 하는 가장 좋은 방법은 아이의 자존심을 세워주면서 훈육하는 것이다. 또한, 훈육 전 아이가 존중받고 사랑받는 존재라는 걸 충분히 얘기한 뒤 엄마 아빠가 아이의 잘못된 행동에 대해 바르게 알려주고 있다는 느낌을 받을 수 있도록 하는 것이 좋다.

| CASE 1 | 모처럼 외식하러 들어간 식당에서 아이는 새로운 놀이터에라도 온 듯 소리를 지르며 뛰어다니고, 부모는 붙잡으러 다니다가 결국 화를 내고 마는데….

아이에게 무조건 "소리 지르지 마!", "뛰지 마!"라고 말하기보다는 왜 돌아다니면 안 되는지 그 이유를 설명해주어야 한다. 그리고 지루해하지 않도록 물을 따르고 수저를 놓는 등 아이가 할 수 있는 일을 주는 것이 좋다. 또 음식이 아닌 다른 것에 신경을 쓰면 음식 먹는 것을 잊고 돌아다니게 되므로 오늘 먹을 음식, 지금 먹고 있는 음식에 관해 대화하며 먹는 데 집중할 수 있게 해준다. 만약 식당에 다른 사람이 있어 부모가 혼내지 않는다고 생각하는 아이들이 있다면 그 자리가 아닌 식당 밖으로 데리고 나가 이야기를 하는 것도 좋다.

| CASE 2 | 마트에 도착하자마자 장난감 판매대로 달려가 원하는 장난감을 사달라고 드러누워 떼를 쓴다. 화를 내도, 어르고 달래보아도 소용없어 주위 사람의 눈총에 엄마는 점점 창피해진다.

아이가 드러누워서 떼를 쓴다는 것은 평소에 갖고 싶은 것을 획득하기 위해 떼를 심하게 쓰면 얻을 수 있다는 학습이 된 결과다. 과거에 한 번이라도 성공한 경험이 있다면 아이들은 점점 더 심하게 떼를 쓴다. 빨리 장을 보고 떠나야 하는 상황이라면 무시하는 방법이 가장 좋다. 아이의 떼를 모른 체하고 지나가거나, 아이를 일으켜 세운 뒤 장난감이 없는 곳으로 가서 이야기한다. 장난감이 시야에서 사라지면 아이들의 고집이 자연스레 줄어든다.

시간 여유가 있다면 아이의 마음을 읽어주는 방법도 좋다. 아이에게 그 장난감을 바라볼 수 있는 시간을 충분히 주고, 그 장난감을 좋아하는 이유 등 장난감에 대해 함께 대화를 나눈 뒤 다음에 언제 어떻게 하면 살 수 있는지 설명해준다. 더불어 이런 상황에서 무엇보다 중요한 것은 부모의 일관성 있는 행동이다. 한 번 안 된다고 했으면 절대 사줘서는 안 된다. 아이의 떼에 굴복하면 더 큰 떼가 찾아온다는 것을 기억하자.

| CASE 3 | 아이를 데리고 놀이터에 갔다. 친구들과 사이좋게 노는가 싶더니 이내 소리를 지르고 싸워 아이를 혼냈다. 아이는 반성의 기미 없이 씩씩대기만 한다. 그냥 집에 있을 걸, 괜히 나왔다는 생각이 든다.

친구들과 다툼이 있을 때 부모가 곧바로 개입하거나 내 아이만 혼을 내는 상황은 바람직하지 않다. 폭력이 있다면 바로 개입해야 하지만 그렇지 않다면 아이 스스로 해결할 수 있는 시간을 주는 것이 좋다. 우선 아이 둘을 세워두고 둘의 입장을 공평하게 들어준 뒤 서로의 의견을 전달해 상대방의 처지를 생각할 시간을 준다. 이때, 폭력은 절대 사용해서는 안 된다는 다짐을 받도록 한다.

아이를 무작정 혼내기만 하면 오히려 아이의 화만 키우는 꼴로 그 행동을 줄이려는 마음을 아이는 갖지 않게 된다. 비슷한 상황이 다음에도 발생하면 또 친구를 때리는 행동을 할 확률이 높다. 다툼이 있을 때 가장 좋은 해결 방법은 대화라는 것을 아이에게 반드시 알려주고, 문제 상황에 맞는 해결 대화 방법을 두 아이에게 모두 제시해주는 현명한 엄마가 되어야 한다.

06

깨물기

---

*"깨무는 행위는 집안에서 생겨난 문제가
집 밖에까지 이어진 것으로 볼 수 있습니다."*

아이의 깨무는 행위는 이가 나면서 시작된다. 이가 난다는 것은 돌 전 아이에게는 몸에서 처음으로 느껴지는 새로운 자극으로, 이 자극에 대한 반응이 바로 깨무는 행위다. 이를 두고 보통 "이가 나니까 잇몸이 근질근질해서 깨문다."라고 표현한다. 하지만 이 시기의 깨무는 행위가 이어져 습관처럼 굳어지지는 않는다. 이가 날 무렵의 깨물기는 신체 내부의 자극에 대한 반응인 데 반해, 어느 정도 큰 아이의 깨무는 행위는 외부와의 관계에서 반응하는 것이라 할 수 있다.

① 또래보다 더딘 언어 발달

신체 발달보다 언어 발달이 떨어질 때 깨무는 아이가 많은데, 이는 말보다 행동이 먼저인 셈이다. 보통 깨무는 행동은 24~36개월 사이에 많이 보이는데, 자기 의사 표현이 마음만큼 제대로 되지 않기 때문에 이를 깨무는 행동으로 표현하는 것이다. 그렇다고 해서 발달상으로 나타나는 바람직한 현상은 아니므로 아이가 깨무는 행동을 할 때는 적당한 제재를 해야 한다. 또래보다 언어 발달이 늦거나 전체적인 발달 지연이 있는 아이들도 깨무는 행동을 보일 수 있다.

② 내면의 불만 표출

아이의 내면에 쌓인 불만이 화가 되어 깨무는 행동으로 표현되기도 한다. 부모가 맞벌이라서 아이와 함께 지내는 시간이 부족했거나, 너무 일찍 어린이집 등의 공동체 생활을 경험하면서 혼자만의 지극한 돌봄이 부족했거나, 연년생 혹은 동생과 나이 차이가 얼마 나지 않아 관심과 사랑을 받는 것이 치열한 전쟁이 되었거나 편애를 받았거나 등등 아이의 불만이 쌓이는 원인은 다양하다. 또 아이가 기질적으로 고집이 세서 자기 마음대로 하려는 데 상황이 받쳐주지 못해 화가 나는 경우도 있고, 체벌을 자주 받은 아이 역시 마음속 불만이 이러한 행동으로 나타나기도 한다.

③ 사회관계에 대한 이해 능력 부족

어떤 아이들은 화가 나는 상황이 아닌데 습관처럼 깨물기도 한다. 이는 사회적인 관계를 이해하는 능력이 떨어져서, 즉 눈치가 없어서다. 친구가 좋다고 깨물기도 하고, 친구하고 놀고 싶다고 깨물기도 하고, 심지어 깨무는 것이 좋아하는 마음을 표현하는 방법이라 여기기도 한다. 이는 부모와의 관계에서 원인을 찾을 수 있다.

아이는 부모와의 놀이와 관심, 애정 속에서 사람과의 관계와 주고받는 법을 배운다. 부모와의 관계에서 이를 배우지 못한 아이는 친구 관계에서도 부족함을 보인다. 친구가 뭘 좋아하는지, 지금 뭘 하고 있는지 등을 보지 못하고 갑자기 껴안거나 무는 것이다. 이때의 무는 행동은 공격적 행동이 아니라 친밀감의 표현인 경우가 많다.

④ 놀이로 오해

부모가 아이들이 예쁘다고 엉덩이를 깨물거나 손이나 볼을 꼬집을 때가 있다. 부모는 친밀한 행동으로 한 것인데 아이는 이것을 놀이로 받아들여 친구들과의 관계에서도 논다고 깨물기도 한다.

아이와 부모와의 관계 점검이 필요하다

깨무는 행위는 단순히 집 밖 친구들과의 관계에서 생겨난 것이 아니라 집에서 생겨난 문제가 집 밖에까지 이어진 것이라 볼 수 있다. 집에서 해결하지 못한 욕구를 아이는 어린이집이나 유치원에서 채우려하는 것이다. 아이에게 깨무는 습관이 있다면 어린이집이나 친구 관계의 문제로만 여기지 말고 아이와 부모와의 관계를 다시 한번 돌아볼 필요가 있다.

① 야단치지 않는다

아이가 깨무는 행동을 할 때 야단을 친다고 해서 그 행동이 고쳐지지는 않는다. 또한, 너도 아파보라면서 똑같이 깨무는 것 역시 좋은 방법은 아니다.

② 깨무는 행동은 나쁜 일임을 알려준다

아이가 알아듣지 못하더라도 깨무는 행동은 나쁜 것이라고 가르쳐야한다.

③ 아이의 불만이 무엇인지 고민해본다

원인 없는 문제 행동은 없다. 아이가 깨무는 원인이 무엇인지, 아이의 불만이 무엇인지 생각해보면 해결 방법도 쉽다.

④ 함께하는 시간을 가진다

아이에게 관심이 부족했다면 야단보다는 같이하는 즐거운 시간을 많이 가져야 한다.

⑤ 놀이를 함께한다

아이가 좋아하는 놀이를 많이 하는 것도 좋은 방법이다. 아이와 함께할 때는 부모가 아니라 아이가 즐거워하는 놀이를 한다.

⑥ 바깥 놀이를 자주 한다

바깥 놀이를 진이 빠질 정도로 실컷 한다. 깨무는 아이 중에는 신체 발달이 언어 발달보다 빠른 아이가 많은데, 이런 아이들은 차분한 환경에서 노는 정적인 놀이보다는 바깥 놀이를 많이 해야 불만 해소에 도움이 된다.

⑦ 허용 범위를 넓혀준다

부모가 너무 엄하게 아이를 대하면 아이의 불만이 쌓여간다. 고집이 센 아이라면 무조건 꺾으려 하기보다는 부드럽게 대하고, 남에게 피해를 주거나 공공질서를 해치는 상황이 아니라면 아이의 행동에 대한 허용 범위를 넓혀주는 것이 좋다.

07
남의 물건 가져오기

"본능에 충실한 아이, 상황에 맞는 부모의 대처법이
아이의 도덕성을 키워줍니다."

만 3세가 되면 소유 개념이 생겨 '내 것'과 '남의 것'에 대한 생각이 분명해진다. 하지만 남의 물건인 줄 알면서도 쉽게 가져오는 모습을 보이곤 한다. 이는 자신의 욕구에 충실한 나이이기 때문이다. 유아의 경우 자기도 갖고 싶거나 조금 이따 가지고 놀고 싶은데 그사이에 다른 친구가 가지고 놀까 봐 등의 이유로 주머니에 넣기도 한다. 그러고는 놀다가 깜박하고 그대로 집으로 가져오는 경우가 많다.

내 것이 아닌 남의 것임을 알면서도 가져오기는 했으나 이때의 가져오는 행위에는 훔치고자 하는 의도는 없다. 그저 본능에 충실한 것이다. 부모가 아이의 이런 모습을 발견했다면 흥분하는 대신 '우리 아이가 자신의 욕구를 사회적 상황에 적합하게 조절하는 능력을 배우는 시기가 되었구나.'라고 생각하며 방법을 가르쳐주면 된다.

| CASE 1 | 친구 집에서 놀다가 친구 장난감을 그대로 가져온 경우

친구 장난감을 가져왔다고 다그치는 것은 절대 금물. 아이와 대화를 나누는 것이 먼저다. 심하게 다그치면 순한 기질의 아이는 불안을 느끼고, 까다로운 기질의 아이는 강하게 거부하면서 이후에 교육할 기회를 잃게 된다. 대화를 시작할 때는 엄마가 약간 의아해하는 표정과 궁금한 목소리로 물어보는 것이 좋다. 아이가 순순히 모든 것을 말하면 솔직하게 답한 점에 관해 고마움을 표시한다. 그다음 엄마한테 도움을 요청하지 않은 것에 관한 안타까움을 전달해주어야 아이는 다음에 같은 상황이 되었을 때 엄마에게 솔직하게 말하고 도움을 요청한다.

만약 아이가 말을 못 하거나 말하는 걸 거부해도 사실대로 말하라며 다그치고 싸우지 않는다. 엄마가 먼저 이것이 친구의 물건인 걸 보았다고 이야기하고, 친구가 속상해할 수도 있고 네가 가져간 것을 알면 친구가 화를 낼 수도 있으니 돌려주자고 이야기한다. 그다음 아이의 자존심이 상하지 않도록 주의하며 물건을 함께 돌려준다.

Tip - *아이가 왜 가져오면 안 되냐고 따진다면?*

평소 아이가 원하는 것은 뭐든지 해주는 환경에서 성장하고 있을 가능성이 크다. 또래보다 훨씬 힘이 세고 큰 어른들도 자기가 원하는 것을 다 해주기 때문에 또래의 것도 당연히 자기 것이라고 여기는 것이다. 평소 아이와의 관계를 재정립할 필요가 있다.

| CASE 2 | 어린이집이나 키즈 카페 등에서 주인이 없는 물건이라 생각하고 가져오는 경우

아이 관점에서는 어린이집이나 키즈 카페에 있는 물건은 누구나 사용할 수 있는 것, 나 말고 다른 아이들도 사용하는 것, 처음 보는 아이들도 사용하는 것, 그러니 주인이 없는 물건이라고 생각할 수 있다.

그러나 주인이 없는 물건이라 자신이 가져도 된다고 생각하고 일부러 훔쳐오는 것은 아니다.

아이가 공용 물건을 가져왔다면 역시 대화를 통해 네 것이 아니니 돌려주어야 한다는 사실을 알려준 뒤 직접 돌려주게 한다. 이때 엄마가 대신 사과하고 돌려주기보다는 아이가 직접 사과하고 돌려주게 하는 것이 좋다.

| CASE 3 | 또래의 물건은 탐내지 않는데 어른들의 물건을 탐내고 가져오는 경우

아이가 물건을 달라고 요청하면 어른들은 쉽게 허락하는 경우가 많다. 말없이 가져가도 남의 아이에게 함부로 말하지 않을뿐더러 아이 엄마가 안 된다고 말리면 주변에서 "괜찮아요. 애니까 그렇죠. 이따가 돌려줘."라며 오히려 엄마를 말리는 경우가 많다.

이런 상황에서는 엄마가 아무리 지도하려 해도 허사가 된다. 협조가 가능한 주변인이라면 아이에게 안 된다고 말해달라고 부탁해놓자. 협조가 어려운 경우라면 아이에게 미리 예의범절을 가르쳐야 한다. 어른에게 부탁하고, 허락을 받으면 감사하다는 인사를 하고, 이후 아이 손으로 다시 물건을 돌려주게 하는 지도가 꼭 필요하다.

Tip - 어린이집이나 유치원에 다니는 4세 이상 아이가
반복된 행동을 할 때

아이의 또래 관계를 확인해볼 필요가 있다. 또래 경험이 부족하거나 이미 또래로부터 거절당한 경험이 있는 등 또래 관계가 미숙해서 나타나는 반응일 수도 있다. 이런 아이들은 또래보다 자신을 잘 수용해주는 어른들과 함께 있는

것이 더 편하고 안전하다고 여기는 경우가 많다.

| CASE 4 | 마트에서 갖고 싶은 물건을 계산하지 않고 들고 나오는 경우

마트에서 장을 볼 때 아이들은 그동안의 경험으로 형성된 '스크립트'를 활용해 행동한다. 스크립트란 특정 상황에서 일어나는 일에 관한 일반적 기술로 반복된 사건을 말한다. 예를 들면 '식당 가기 스크립트'에는 자리 앉기, 메뉴 고르기, 주문하기, 음식 먹기, 계산하기, 식당 나가기 등이 포함된다. 다시 말해 스크립트는 한 번이 아닌 반복되는 경험을 통해 만들어진다.

'마트 장보기 스크립트'에는 마트 가기, 물건 고르기, 계산대 줄서기, 계산하기, 마트 나오기 등이 포함된다. 여기서 아이와 함께 경험한 활동이 아이가 형성한 마트 장보기 스크립트라고 생각하면 된다. 물건을 고르고 계산대에 줄을 서서 기다렸다가 함께 계산하고 나오는 것까지 경험한 아이는 계산하지 않고 물건을 가지고 나오는 행동은 잘 하지 않는다.

하지만 물건 고르기까지만 참여하고, 부모가 역할을 나누어 한 명은 계산하고 한 명은 먼저 아이와 함께 밖에 나가 기다리는 상황을 주로 겪은 아이는 계산을 해야 자기 물건이 된다는 것을 모르기 때문에 고르기만 하면 자기 것이 되는 줄 안다. 아이가 마트에서 물건을 그대로 가지고 나왔다면 계산을 해야 내 것이 될 수 있다는 걸 가르치고, 물건을 돌려준 뒤 다음번 마트 장보기에서는 계산할 때도 아이를 참여시켜 학습할 수 있게 해야 한다.

Plus Tip - *아이의 체면을 살려주는 돌려주기 방법*

••

물건을 돌려주는 과정에서 아이의 자존심을 상하게 해서는 안 된다. 아이의 체면을 지키면서 물건을 돌려주도록 지도한다. 물건을 돌려줄 때는 엄마와 함께 가 "집에 가보니까 네 물건이 내 가방에 들어 있기에 가져다주러 왔어."라며 돌려주게 한다. 이때 미리 상대 엄마에게 연락해 자초지종을 설명하고 부탁해놓으면 좋다. 상대 아이 엄마도 자신의 아이에게 "수경이가 집에 가보니 네 장난감이 있어 돌려주러 온다고 하네. 이따가 오면 잘 받아줘."라고 지도한다. 당장 갈 수 없는 상황이라면 전화로 알려도 좋고, 다음 날 진행해도 좋다.

돌려주기 경험 자체가 아이에게는 창피할 수 있는 일이지만 꼭 해야 하는 일이기도 하다. 이때 느끼는 부끄러움이 도덕성을 발달시켜주기 때문이다. 물건을 돌려주고 돌아오는 길에는 부끄러움을 이겨내고 돌려준 점을 크게 격려한다.

08
단짝 친구

"아이의 정서 발달이 제대로 이뤄지지 않으면
자기중심적인 아이로 자랄 수 있어요."

태어나면서부터 부모의 도움이 절대적으로 필요하던 아이가 성장하면서 부모와 떨어져 지낼 수 있게 되고, 어린이집이나 유치원을 다니면서 친구를 사귀게 된다. 처음 친구를 사귀게 되는 아이 대부분이 친구가 자신과 잘 놀아주지 않는다고 서운해하는 경우가 있는데, 이것은 이 시기에 보이는 정상적인 반응이다. 아이들이 "친구가 나와 놀아주지 않아." 하면서 속상해하는 것은 세상을 바라보고 느끼고 인식하는 눈이 자기중심적이기 때문이다.

아이가 유치원에서 친구들과 어울려 지내다가 싸울 때 가장 많이 하는 말이 "다른 친구가 먼저 때렸어." 이다. 서로 다른 친구가 먼저 때렸다고 주장하는데, 이 경우 본인이 때린 것은 "내가 때린 것 아니야." 라며 부정하기도 한다. 아이는 자신이 한 행동을 남들이 어떻게 받아들이는지 인식하지 못하기 때문에 이러한 모습을 보이는 것이다. 타인의 마음을 이해하고 공감하면서 놀 수 있는 시기는 초등학교 입학 이후로, 어린이집이나 유치원을 다니는 시기에 이런 모습을 보이는 것은 지극히 정상적인 모습이라고 할 수 있다.

부모 역할에 따라 아이의 시야가 넓어진다

자기중심적인 사고가 지극히 정상적인 행동이긴 하지만 부모의 사회적 상황이나 정서 문제로 인해 아이와 잘 놀아주지 못하거나 아이 마음을 이해하고 공감해주는 기회가 없으면, 아이의 정서 발달이 제대로 이뤄지지 않아 자기중심적인 아이로 자라기 쉽다. 이런 성향의 아이들은 남들이 자신과 잘 놀아주지 않는다고 불평하거나 늘 심심해하며, 남들보다 억울한 일이 많다고 불평하기도 한다.

이런 모습이 많다는 것은 아이가 정서적으로 안정되지 않았음을 의미하기도 한다. 만약 부모 눈에 아이가 사회성이나 정서적으로 문제가 있는 것처럼 보인다면 유치원이나 어린이집 선생님과 상의하면서 아이 상태를 파악하는 것이 중요하다. 무엇보다 아이의 자기중심적인 모습은 부모의 양육과 학습을 통해 바뀐다. 세상을 이해하면서 남의 마음을 이해하고 공감하는 경험을 쌓으면서 세상을 바라보는 눈이 더 넓어지게 된다.

| CASE 1 | 친구가 자기와 놀아주지 않는다고 속상해하기에 선생님에게 물어보았더니 다툼 없이 잘 놀았다고 합니다. 잘 놀고도 자기와 놀아주지 않았다고 말하는 아이의 심리는 무엇인가요?

아이가 친구들과 잘 놀아도 심심하다고 말하는 것은 자신이 원하는 놀이를 하지 않았거나 자신이 원하는 만큼 놀아주지 않았다는 것을 의미한다. 부모와 있을 때는 부모가 자신의 눈높이에 맞춰 놀아주고 어떤 것을 해도 예뻐하고 칭찬하기 마련이다. 친구들과 놀 때도 친구가 이런 것을 해주길 바랐는데 그렇지 않았기 때문에 속상해하는 것

이다.

| CASE 2 | 아이가 단짝 친구에게 너무 집착해요. 자기와만 놀기 바라는데 어떻게 해줘야 할까요?

아이에게 그 친구의 마음을 이해할 수 있도록 설명해준 뒤 단짝 친구만이 아니라 다른 친구들과도 놀 수 있도록 권유한다. 만약 충분히 설명했음에도 아이가 계속해서 한 친구와 놀기를 고집하고, 상대 친구가 매우 힘든 모습을 보인다면 일정 시간 동안 함께 어울리지 못하도록 한다.

| CASE 3 | 자꾸 친구가 자기를 괴롭힌다고 하고 친구들이 자기와 놀아주지 않는다고 합니다. 아직 어리지만, 혹시 따돌림을 당하는 것은 아닌지 걱정됩니다.

아이는 발달상 자신의 행동이 남에게 어떻게 받아들여지는지 잘 인지하지 못한다. 또한, 아이는 자신이 친구들과 놀면서 불편했던 점에 대해서만 주로 이야기하는 경우가 많다. 따라서 아이가 말하는 일에 대해 좀 더 정확히 알기 위해서는 유치원이나 어린이집 선생님의 이야기를 듣고 앞뒤 상황을 파악한 뒤 객관적으로 판단한다.

09
단체 생활 부적응

*"단체 생활에 적응하지 못하는 이유는 제각각으로
부모가 아이의 상황을 정확하게 인지해야 합니다."*

단체 생활에 적응하지 못하는 이유는 다양하다. 보통 세 가지 원인을 들 수 있는데, 무엇보다 아이의 상황을 파악하는 게 급선무다.

① 분리불안

부모와 애착이 강하게 형성된 아이는 처음 어린이집에 갈 때 엄마와 떨어지는 걸 심하게 거부하는 경향이 있다. 일반적으로 30~36개월이 되면 다른 아이나 좀 더 큰 아이들을 모방하는 시기라 분리가 조금 쉽지만, 아이의 성향에 따라 정도가 다르다. 무조건 빨리 적응시키려 하기보다는 어린이집과 협의해 시차를 두고 조금씩 떨어지는 연습을 시킨다.

② 사회성 부족

엄마와 떨어지는 데는 거부 반응을 보이지 않지만, 어린이집에서 이뤄지는 다양한 활동에 적응하지 못해 힘들어하는 아이도 있다. 요즘은 외둥이가 많아 집에서는 모든 것이 아이 위주로 돌아가는 데 반해 어린이집에서는 다른 아이들과 함께 생활하다 보니 단체 생활에 적응하지 못하는 것이다. 또한, TV나 스마트폰을 많이 본 아이의 경우 사회 활동을 하는 데 어려움을 겪기도 한다. 미디어에만 노출되고 실제 사회생활에 대한 연습은 되어 있지 않아 단체 생활을 힘들어한다.

③ 성향의 차이

일대일 상황에서는 말을 잘 듣지만 일대 다수의 경우 자신에게 전달하는 것이 아니라고 생각하는 아이들이 있다. 이런 경우 선생님의 말씀을 경청하지 않고 개인행동을 하며 어린이집 적응을 힘들어한다. 그룹 활동 중에 돌아다니거나 다른 행동을 하는 경우가 이에 해당하는데, 여기에는 환경적인 부분과 개인 성향도 어느 정도 영향을 미친다. 또 어린이집에서 이뤄지는 활동이 자신의 흥미와 거리가 있거나 함께 있는 친구가 싫어서 어린이집 생활을 힘들어할 수도 있다.

| CASE 1 | 아침마다 어린이집에 가지 않겠다고 울고, 어린이집에서도 내내 운다고 합니다.

원인 파악이 제일 중요하다. 엄마가 너무 좋아서 떨어지고 싶지 않은 것인지, 특정 물건이 무서운 것인지, 선생님이나 친구가 무서운 것인지 등 이유를 먼저 파악해 어린이집과 비슷한 환경에서 아이가 두려워하지 않고 즐겁게 놀 수 있는 상황을 자주 만들어준다. 어린이집 놀이터에서 노는 것도 하나의 방법이다.

분리불안 때문에 어린이집에 적응하지 못하는 경우라면 어린이집 적응이 힘든 성향의 아이일 수도 있다. 전문가와 상담을 해 아이의 분리불안을 해소할 방법을 찾는다. 만약 2개월 이상 적응을 못 하고 계속

집에만 있으려고 한다면 어린이집을 잠시 쉬었다가 좀 더 큰 다음에 보내는 것이 좋다. 곧바로 다른 어린이집으로 옮기는 방법은 권하지 않는데, 이는 한 곳에서 적응이 어려우면 다른 곳에서도 적응하지 못하고 힘들어하는 경우가 많기 때문이다.

| CASE 2 | 어린이집 도착 전까지는 울고불고 난리인데, 막상 엄마와 헤어지면 잘 논다고 합니다. 아침마다 왜 우는 걸까요?

이 경우 어린이집 적응 문제가 아니라 현재의 놀이를 유지하거나 현재 상황이 변하는 것을 즐거워하지 않는 아이일 가능성이 크다. 이런 아이들은 눈에 보이는 환경에 적응을 잘하는 편이다. 어린이집에 가면서 주변의 꽃이나 나무를 보며 함께 이야기를 나누면 도움이 된다. 또 줄거리가 있는 이야기를 통해 어린이집에 가는 동안 아이가 어린이집 생각 대신 상상하는 시간을 가지게 하는 것도 좋다. 그리고 어린이집에 가기 전에는 특별한 놀이나 즐거운 활동을 하지 않는 것이 좋다.

| CASE 3 | 집에서는 친구들과 잘 놀고 밥도 잘 먹는데, 어린이집에만 가면 늘 혼자 있고, 밥도 잘 안 먹고, 낮잠도 안 잔다고 합니다.

자유로운 활동을 원하는 아이가 아닌지 확인해본다. 즉, 정해진 규칙이 있는 상황을 견디기 힘들어하는 아이이거나 혹은 환경에 민감한 아이의 경우 자신이 생각하는 가장 편안한 사람과 있고 싶어 하기도 한다. 이럴 때는 친한 친구를 만들어주면 도움이 된다. 어린이집이 끝난 후 바로 하원 하지 말고 놀이터에서 놀며 친구를 사귀게 해준다.

더불어 다른 친구들이 행동하는 모습을 살펴볼 수 있는 시간을 만들어주면 좋다. 이 시기는 모방하는 때라 다른 친구들의 긍정적인 모습을 따라 하려는 의도만 보여도 칭찬을 해주면 아이가 어린이집에서 친구들과 함께 생활하는 것에 대해 긍정적인 생각을 가지게 된다.

| CASE 4 | 배변 훈련을 끝낸 아이인데 어린이집에만 가면 변을 참거나 참다 실수를 하곤 합니다. 어린이집에 가는 것이 싫어서 그런 걸까요?

익숙한 곳에서만 배변해온 아이의 경우 바뀐 환경에서는 배변을 어려워하기도 한다. 보통 엄마와 함께 있으면 환경이 달라도 곧잘 하지만, 엄마도 없고 친근한 환경이 아닌 경우 더욱 어려워한다. 집에서 배변하는 모습과 배변이 끝나고 즐거워하는 모습을 사진으로 찍은 뒤 가방에 넣어 어린이집에 보내주면 도움이 된다. 이때, 선생님에게 배변하기 전에 사진을 보면서 씩씩하게 할 수 있도록 격려해달라고 요청할 것. 그래도 잘 안 된다면 어린이집과 상의해 아이에게 익숙한 배변 통을 하나 마련해주는 것도 좋다.

Plus Tip - 어린이집 선생님이 말하는
어린이집에 적응하지 못하는 행동

① 계속해서 운다.

② 교실로 들어오는 것을 거부한다.

③ 또래가 다가가는 것을 거부하고 선생님 등 어른에게만 붙어 있다.

④ 용변을 잘 가리던 아이가 갑자기 바지에 쉬를 한다.

⑤ 애착 물건에 집착하기 시작한다.

⑥ 한 영역에서만 머무른다.

⑦ 갑자기 교실 밖으로 뛰어나가는 등의 돌발 행동을 한다.

⑧ 손톱을 물어뜯거나 자위를 하는 등 불안을 행동으로 표현한다.

→ 주로 어린이집에서 보이는 행동이지만, 어린이집에 다닌 후 아이가 집에서도 ④, ⑤, ⑧ 등의 행동을 보인다면 어린이집에 적응하지 못한 것일 수 있다. 어린이집 환경과 아이의 생각, 어린이집 선생님과의 대화를 통해 아이의 부적응 요소가 있다면 원인을 찾아 해결해주어야 한다.

10
떼쓰며 드러눕기

"아이의 떼는 떼를 부리기 시작한 이후가 아닌
그 전에 잡아야 해요."

아이는 만 2세가 되면 자아 개념이 생기고 언어 능력과 운동 능력이 눈에 띄게 발달한다. 자유자재로 걸을 수 있는 능력까지 갖추게 되면 아이는 넘치는 호기심을 주체하지 못하고 주변을 적극적으로 탐색하기 시작한다. 부모와 아이의 갈등이 시작되는 것도 바로 이때다. 아이는 어디든 가고자 하는데 부모는 아이의 안전 등 여러 가지 이유로 그것을 제지해야 할 일이 자주 발생하기 때문이다.

이런 상황이 생기면 부모는 가장 먼저 아이의 '떼쓰기'와 '거부 반응'을 아이의 발달 과정에서 나타나는 자연스러운 일이라는 걸 이해해야 한다. "얘가 도대체 왜 이러는 거지?", "다른 아이는 안 이러는데….", "괴롭고 힘들어." 등 아이가 마치 문제 행동을 하는 것처럼 생각하고 아이를 대하면 서로에게 큰 스트레스가 된다.

일관성 있는 부모의 행동이 필요하다

아이가 떼를 쓰기 시작하면 아이에게 제한해야 할 행동과 허용 범위를 분명하게 알려준 후 일관성 있게 행동한다. 아이에게 "이렇게 해라.", "이렇게 할 거야."라고 이미 말했는데 아이의 떼에 못 이겨 그 말을 번복할 경우, 부모의 권위가 땅에 떨어져 앞으로 같은 문제가 발생했을 때 아이는 더 이상 부모의 말을 듣지 않는다. 아이의 자율성은 보장해주되 부모의 권위는 잃지 않아야 이후에도 아이에게 끌려가지 않을 수 있다.

떼를 쓰기 시작한 아이에게 "너 정말 혼난다.", "그만 일어나지 못해.", "맞고 싶어?" 등 감정적이고 권위적인 대응을 하게 되면 아이의 더 강한 반발과 떼쓰기를 유발할 뿐 이는 결코 해결책이 되지 못한다. 떼를 쓰기 시작한 아이를 진정시키기란 쉽지 않으므로 떼를 쓰기 전 부모가 영리하게 대처해야 한다.

이유 없이 떼를 쓰는 아이는 드물기에 부모가 충분히 예측할 수 있다. 아이가 떼를 쓸 조짐이 보이면 조금 뒤에 일어날 일에 대해 미리 말해주거나 해서는 안 되는 행동에 대해 미리 설명한다. "이 놀이가 끝나면 목욕을 할 거야.", "조금 뒤에 장난감을 정리해야 해." 등 아이가 해야 할 일이나 하지 말아야 할 일을 예측하게 하고 마음의 준비를 하도록 시간 여유를 준다.

그런데도 떼를 쓰기 시작하면 "이건 안 돼."라고 말하며 단호하게 제지해야 한다. 아이가 하지 말아야 할 행동에 대해 엄마가 미리 말했다면 아이도 그 사실을 알고 있으므로 떼를 쓰다가도 이른 시간에 멈춘다.

아이가 떼쓸 때 부모의 행동 요령

① 무시하기

아이는 어떤 형태로든 부모의 관심을 원한다. 잘한 행동에는 충분히 반응해주되 잘못한 행동이나 떼 부림은 철저히 무시한다. 그러면 아이는 자신의 행동이 자신을 표현하는 데 아무런 도움이 되지 않는다는 걸 알고 행동을 멈춘다. 단, 이 방법은 일시적으로 떼를 쓸 때만 적용한다.

② 아이가 누리던 권리 뺏기

문제 행동을 했을 때 장난감 가지고 놀지 않기, TV 시청 제한, 밖에서 놀 기회 제한 등 아이가 현재 누리고 있는 권리나 기회를 빼앗는다. 이 방법은 문제가 되는 행동에 대해 미리 설명하고 규칙을 구체적으로 정해야 하며, 그것을 이행하지 않았을 경우 충분히 설명해준 후 실행한다.

③ 나이에 따라 다르게 대처하기

24개월 미만의 아이는 이해력이 낮아 말로 설득하는 것은 무리다. 아이가 무조건 떼를 쓴다면 엄마가 불쾌하거나 짜증스러운 표정을 보이거나 무시하기, 또는 보상의 기회를 박탈하는 방법을 사용하는 것이 효과적이다.

24~36개월에 해당하는 아이에게는 부모의 권위가 형성되며, 부모가 아이의 사회화 과정을 돕는 역할을 하게 된다. 아이가 상대방의 표현을 어느 정도 이해할 수 있고, 자신의 감정이나 요구를 언어로 표현할 수 있는 시기이므로 아이와 함께 타협해 분명한 기준을 세울 수 있다. 이 시기의 아이에게는 권위가 있으면서도 개방적인 의사소통을 하고 아이의 독립성과 개성을 격려하고 인정해주어야 한다.

④ 대화로 해결하기

아이가 떼를 쓴다는 것은 그만큼 자아 개념이 강해졌다는 의미다. 하지만 이 시기의 아이는 사고력과 분별력이 떨어지고 언어적으로 표현 능력이 미숙해 부모의 말을 잘 따르지 않고 또 과격한 행동을 하거나 "싫어.", "아니야."와 같은 단정적인 말로 표현한다. 이때 부모가 조심해야 할 대화의 법칙이 있다.

첫째, 떼쓰는 버릇을 잡겠다고 무조건 "안 돼."라고 부정적인 표현을 많이 쓰면 매사 의욕이 없고 소심한 아이나 반항하는 아이가 될 수 있다. 허용할 수 있는 범위의 요구는 적당히 들어주는 게 요령. 떼를 쓰는 첫 단계부터 단호하게 "안 돼."라고 표현하지 말고 처음에는 부드럽게 타이르다가 계속해서 고집을 부리거나 떼를 쓰면 그때 단호하게 표현한다.

둘째, 떼를 쓴다고 "이거 줄 테니 울지 마." 식으로 접근하는 건 아이의 떼를 가중하는 방법이다.

셋째, 또래나 형제들과 비교하는 발언은 하지 않는다. 자존감이 낮은 아이가 될 수 있다.

넷째, 아이에게 엄마의 말이 잔소리처럼 들리지 않아야 한다. 아이와 대화할 때는 아이와 눈을 맞추고 단호하고 간단하게 표현한다.

11
말대꾸

_____

*"아이의 표현이 말대꾸인지, 자기주장인지는
부모가 판단해야 할 몫입니다."*

아이들은 보통 생후 15~18개월 무렵에 첫 자아가 생긴다. 이 시기 아이들은 "싫어.", "안 돼.", "내 거야.", "내가 할 거야." 등 부정적인 언어 표현을 통해서 자기 생각을 전달하기 시작한다. 서너 살 쯤에는 폭발적인 언어 발달과 함께 감정 발달도 일어나 여러 가지 감정을 말로 표현하는 모습을 보인다. 아이들은 이때부터 마음속에 가지고 있던 불만이나 부정적인 감정을 표출해나간다.

하지만 아직 전달하고자 하는 것을 적절하게 표현하는 데는 한계가 있어 미성숙한 방법, 즉 말대꾸라는 형식으로 자기 생각과 감정을 전달한다. 아이들의 말대꾸는 발달 과정 안에서 주체적으로 성장해가는 자신을 인정하고, 자신의 독립적인 생각과 감정을 존중해달라는 심리적 의미가 담긴 미성숙한 표현 방식이라고 볼 수 있다.

말대꾸가 발달의 자연스러운 과정이긴 하지만 그 정도가 심해 부모와 자녀의 관계를 손상한다면 아이의 건강한 발달 과정을 오히려 방해할 수 있다. 따라서 부모는 아이의 말대꾸가 자연스러운 발달 과정인지 아니면 문제 행동에 속하는지를 객관적으로 살펴봐야 한다.

또한, 아이가 자기 생각과 감정을 표현할 때는 잘 듣고 반응하는 모습을 보여줌으로써 아이가 존중받고 있다는 걸 제대로 느끼게 해주는 과정이 필요하다. 동시에 하지 말아야 할 범위에 대해서는 부모가 단호하고 일관성 있는 태도로 대처한다.

첫째, 감정적으로 받아들이지 않는다.

둘째, 아이가 전하고자 하는 생각과 감정이 무엇인지 파악한다.

셋째, 아이가 말하고 싶어 하는 생각과 감정을 공감해준다.

넷째, 하지 말아야 할 말이나 행동에 대해서는 적절한 제한을 준다.

말대꾸, 어디까지 참아야 하나?

자기주장과 말대꾸 모두 자기 생각과 감정을 전달하는 의미의 표현이기 때문에 그 차이를 구분 짓는 건 솔직히 어려운 일이다. 특히 말대꾸가 아이들의 자연스러운 발달 과정이라는 점, 서툴지만 자기를 표현하는 연습을 하다 보면 이후에 의사소통 능력과 갈등 해결 능력이 향상돼 사회성 발달에 좋은 힘이 될 수 있다는 말대꾸의 긍정적 영향력은 말대꾸하는 아이에 대한 부모의 개입을 더욱 고민하게 만든다.

여기서 부모가 알아두어야 할 점은 아이의 자기표현이 자기주장으로 들리는가, 말대꾸로 들리는가 하는 것이다. 즉, 자기주장인지 말대꾸인지를 판단하는 것은 바로 부모라는 사실이다. 아이 처지에서 생각해보아도 이해와 수용이 어렵고, 부모에게 불쾌감이나 화를 준다면 이는 아이의 자기표현이 주장이 아닌 말대꾸로 들린 것이다. 이럴 때는 아이의 생각과 감정은 존중하되 부모가 허용할 수 있는 범위와 부모의 감정 상태를 알려줌으로써 아이가 적절한 선을 지키며 자기표현을 할 수 있도록 도와주는 것이 현명하다.

12
민감기 적정 자극

"아이의 성장 발달에 맞춰 적절한 자극을 주면
발달이 안정적으로 이뤄집니다."

키가 크려면 성장 호르몬이 분비되는 밤 10시부터 새벽 2시 사이에
는 꼭 잠을 자야 한다. 키가 쑥쑥 크는 적기가 바로 이 시간대이기 때
문이다. 영유아의 발달도 마찬가지다. 유아 교육의 대가인 '마리아 몬
테소리'는 아이의 발달에는 각 발달에 따른 민감기가 있으며, 그 민
감기에 적절한 자극이 이뤄지면 수월하고 안정적인 발달을 하게 된다
고 말한다.

① 흡수의 민감기, 0~6세

아이들이 모든 것을 스펀지처럼 빨아들이는 시기다. 0~3세가 무의
식적으로 보고 듣고 만지는 것을 자동으로 흡수하는 시기라면, 3~6세
는 3세까지의 경험을 바탕으로 연습하며 의식적으로 주변의 환경을
흡수하는 시기다. 이 시기에는 다양한 환경을 직접 경험하게 해주는
것이 중요하다. 또한, 책을 보는 것도 좋은데 아이는 부모와 함께 그

림책을 보며 새로운 것을 발견하기도 한다.

② 감각의 민감기, 0~6세

이 시기의 아이들은 시각, 청각, 촉각, 후각, 미각 등 다양한 감각을 풍부하게 경험해야 한다. 이 시기에 습득된 감각은 생활에 필요한 일반적인 기능과 더불어 위기 대처 능력을 키워주기 때문에 매우 중요하다.

① 촉각 : 3~5세

만지고 싶은 욕구가 강하게 나타나며, 다양한 것을 만지는 활동을 통해 기본적인 협응력이 발달한다.

② 후각 : 3~6세

다양한 냄새에 대한 호기심이 일어 이것저것 열어보는 활동을 자주 한다. 다양한 냄새를 경험할 수 있는 환경을 제공해주는 것이 좋다.

③ 미각 : 3~6세

이 시기의 다양한 맛에 대한 경험이 향후 음식에 대한 기호나 편식에 영향을 미친다. 여러 가지 맛을 느끼고 좋아할 수 있도록 다양하게 음식을 준비해줘야 한다.

④ 청각 : 태아~생후 6개월

청각은 태아부터 생후 6개월까지가 가장 민감하다. 엄마 배 속에 있을 때부터 다양한 소리를 들려주면 청각 발달에 도움이 된다.

③ 운동 발달의 민감기, 0~6세

잡고 일어서서 균형을 잡고, 뛰고, 계단을 오르내릴 수 있기까지는 대략 3년 정도가 걸린다. 스스로 균형을 잡고 움직일 때까지가 운동성이 가장 민감해 36개월 전후가 운동성이 급격하게 발달하는 시기라 할 수 있다.

① 양손 사용의 민감기 : 생후 2~24개월

손을 사용해 자신의 신체를 탐색하고 손을 뻗어 물건을 잡는 등 손을 다양하게 활용하는 시기다. 18개월 전후부터는 손을 움직이는 놀이를 통해 자극을 해주면 도움이 된다.

② 근육 발달의 민감기 : 30개월~6세

이 시기의 유아는 만지고 조작하는 신체적인 움직임이나 활동이 자주 나타난다. 자기를 조절할 수 있는 능력이 이때 길러진다.

③ 작업의 민감기 : 24개월~6세

협응 능력은 자신의 신체를 원하는 대로 움직일 수 있는 조절 능력과 관련이 깊다. 자전거를 타며 균형 감각을 배우는 것과 같은 능력을 기르기에 딱 좋은 시기다. 좋아하는 활동을 무의식적으로 반복하고 수행하면서 작업 능력을 기를 수 있다.

④ 언어 발달의 민감기, 생후 4~6개월

4개월쯤 옹알이를 시작하면서부터 언어가 지속해서 발달한다. 이 시기의 유아는 다른 사람의 말소리 듣는 걸 좋아하고 모방을 즐긴다. 자발적인 언어 발달은 30개월에서 시작해 6세까지 지속하는데, 이때 아이는 단어의 형태뿐 아니라 문장을 올바르게 사용할 수 있는 능력까지 기른다. 따라서 부모는 언어에 대한 적절하고 다양한 반응, 그림책 읽어주기, 이야기 나누기 등의 언어생활로 아이의 언어 발달을 격려하고 자극해주어야 한다.

① 읽기의 민감기 : 5~6세

글자의 의미를 이해하는 시기로 의사소통 능력이 생기기 시작한다. 따라서 5세 이전에 글자 읽기를 교육하는 것은 지나치게 시간이 오래 걸리는 일이 될 수 있다.

② 쓰기의 민감기 : 3세 반~5세

쓰기는 읽기보다 먼저 나타난다. 글자가 아닌 동그라미, 직선, 지그재그 모양 등을 그리는 걸 좋아하는 시기다.

Plus Tip - *예절에도 민감기가 있다?*

질서, 예절 등도 아이가 빠르게 받아들이고 제대로 정립되는 민감기가 있다. 질서는 특히 6~24개월 사이에 가장 강하게 나타나는데, 물건들이 질서 정연하게 제자리에 있기를 바라는 모습을 강하게 보이기도 한다. 이는 자신을 포함한 주변 환경과의 관계를 이해하고 내부의 감각들을 정돈해나가는 과정이다. 이 시기에 가정이나 교육기관에서 사물이 질서 있게 정돈되어 있으면 아이는 정리된 환경을 내면화함으로써 정신 내적 발달을 이루게 된다. 예의는 30개월~4세 사이에 가장 강하게 나타난다. 이 시기의 아이들은 모방을 좋아하므로 부모는 공손한 태도로 이웃에게 인사하는 등 아이에게 적절한 예의범절 모델이 되어주어야 한다.

13
배변 참기

"아이가 배변을 참는 원인부터 찾은 뒤
그에 맞는 적절한 대처가 필요합니다."

배변 훈련에서 가장 중요한 점은 다른 아이와 비교하며 강요해서는
안 된다는 것이다. 모든 아이가 같은 시기에 같은 성장 과정을 거치는
게 아니므로 배변 훈련 역시 늦거나 어려움이 따를 수 있다. 따라서
배변 훈련이 잘 안 되거나 부모 뜻대로 되지 않는다고 해서 아이를
다그치거나 아이에게 문제가 있다고 생각하면 안 된다.

아이가 변을 참으면 먼저 그 원인이 무엇인지부터 살펴보아야 한다.
변을 참는 습관이 들면 아이의 건강에 이상을 불러올 수 있으므로 반
드시 원인을 찾아 해결한다. 변을 참는 이유로는 생리적 요인과 심리
적 요인이 있다.

1 생리적 원인

① 변비 → 변비 치료

변비가 있는 아이는 장 속에 변이 오래 머물러 딱딱해지기 때문에 대변을 볼 때 항문 주위의 피부에 균열이 생길 수 있다. 이로 인해 아이는 대변을 볼 때마다 통증을 느끼고, 결국 통증이 두려워서 대변을 계속 참게 된다. 이런 경우에는 어린이집뿐만 아니라 집에서도 대변 보는 것을 꺼릴 수 있으니 빨리 병원에 가서 아이의 변비를 치료한다.

② 심리적 원인

① 부모의 관심을 받기 위해 → 지나친 관심은 금물

부모가 아이의 배변 문제에 지나치게 간섭하고 신경을 쓰면 아이는 부모의 관심을 받기 위해 계속 대변을 참는다. 또 대변을 억지로 참으면서 부모를 속상하게 하는 등 배변을 매개로 부모를 조종하고 통제하며 힘겨루기를 하려 한다.

밖에서는 잘 가리지만 집에만 오면 아무 곳에서나 배변 활동을 하는 것 또한 부모의 관심을 끌기 위해서인 경우가 많다. 이럴 때는 대변을 잘 보았을 때는 칭찬과 관심을 보이고, 대변을 억지로 참고 있을 때는 지나치게 신경을 쓰지 않는 것이 좋다. 배변 문제가 아닌 아이의 다른 부분에 관해 관심을 보이면 아이 역시 대변 보는 것에 큰 의미를 두지 않게 된다.

② 지나치게 절제하려는 기질 → 아이에게 화장실 갈 시간을 결정하게 할 것

지나치게 자신을 절제하는 특성 때문에 배변 역시 지나칠 정도로 통제하려는 아이들이 더러 있다. 이런 아이들은 자신의 행동을 스스로 통제하는 것은 편해하지만 다른 사람의 지시를 받거나 누군가가 간섭하면 불편해하는 성향이 있다.

어린이집 등의 보육기관에서는 화장실에 가는 시간을 정해놓는 경우가 많은데, 이로 인해 아이가 불편해한다면 선생님과 상의해 아이에게 화장실에 갈 시간을 스스로 결정하게 하는 것이 좋다. 재촉이나 압박, 강압적인 지시는 금물이다. 혹시 아이가 의도치 않게 대변을 실수했더라도 부모가 부정적인 반응을 보이지 않아야 한다.

③ 심리적인 불안감 → 친숙한 환경 만들기

집과 전혀 다른 어린이집의 환경 때문에 대변 보는 것을 꺼릴 수 있다. 이럴 때는 선생님과 상의하에 어린이집 화장실을 아이가 좋아하는 캐릭터를 이용해 함께 꾸며보면 아이에게 화장실이나 변기가 낯선 곳이 아닌 편하고 친숙한 곳으로 느껴져 배변 활동에 도움이 된다. 아이가 어린이집에서 변을 보았을 때 적절한 칭찬을 해주면 더욱 좋다.

배변 훈련이 끝났던 아이가 다시 배변 활동에 어려움을 겪는다면 아이에게 갑작스러운 변화가 생겨 불안하다는 신호일 수 있다. 부모가 알지 못하는 아이의 관점과 생활 속에서 새롭게 생겨난 변화가 있는지 꼼꼼히 살피도록 한다.

Plus Tip - *수줍음이 많은 아이는 변화를 불편해한다*

수줍음이 많고 익숙하지 않은 것을 받아들이고 접하는 데 시간이 필요한 아이들이 있다. 이런 아이들은 경험을 통해 가장 편안했던 행동이 한 번 각인되면 이후에는 어떤 작은 변화라도 생기면 몹시 불편해한다. 이런 기질의 아이들은 어린이집은 물론 학교나 집 밖의 장소에서 화장실을 사용하는 데 거부감을 많이 느낀다. 화장실뿐만 아니라 낯가림을 하거나 새로운 사람을 사귀는데도 많은 시간이 필요할 수 있다.

이런 경우에는 새로운 곳에서의 화장실 사용을 강요하기보다는 되도록 집에서 미리 대소변을 보게 하는 것이 좋다. 부모가 함께 불안해하고 재촉하면 아이의 불안감이 커져 상태가 더욱 악화할 수 있다.

무엇보다 부모에게도 안정과 기다림이 필요하다. 아이에게 억지로 강요하고 수치스럽게 몰아세우기보다는 아이에게 "괜찮아, 네가 준비되면 그때 해보자. 그래도 우리 노력은 하자."라고 말해줌으로써 아이의 상황에 대한 공감과 격려를 함께 해준다. 열린 마음으로 아이가 편해하는 환경을 만들어주는 동시에 용기도 북돋워 준다.

14
보상의 기준

"부모의 긍정적인 관심은
아이 스스로 긍정적인 행동을 하게 만듭니다."

　보상이란 특정 행동에 대해 주어지는 긍정적인 대가라고 할 수 있다. 보상은 돈, 음식, 장난감 등과 같은 물질적 보상과 아이가 좋아하는 활동, 칭찬, 미소, 관심 등과 같은 비물질적인 것을 모두 포함한다. 그러나 아이들에게는 물질적 보상이 더 매력적으로 느껴져 효과가 좀 더 클 수 있다.

　보상은 아이가 특정한 반응이나 행동을 했을 때 매력적인 대가를 줌으로써 그 행동을 증가시키기 위해 사용한다. 반대로 특정한 행동을 감소시키기 위해서는 처벌 방법이 쓰인다. 따라서 떼쓰는 아이에게 보상하는 것은 일시적으로 시선을 집중시키는 방법일 뿐 아이의 행동 교정에는 도움이 되지 않는다는 의미다. 떼를 쓸 때마다 보상할 경우 아이는 좋지 않은 행동을 하면 보상이 주어진다는 것으로 받아들여 오히려 좋지 않은 행동을 더 자주 보일 수 있다.

　간혹 보상과 뇌물을 혼동하는 부모들이 있는데, 보상은 아이의 옳은 행동에 따르는 적절한 선물이고, 뇌물은 아이가 특정 행동을 하지 않겠다는 약속을 받아내기 위해 부모가 주는, 아이의 행동에는 전혀 적합하지 않은 물질 공세다. 아이가 뇌물에 익숙해지면 오직 대가가 있을 때만 옳은 행동을 해야겠다는 인식이 쉽게 생긴다.

물질적 보상은 최소한으로 한다

아이의 긍정적인 행동을 끌어내기 위해 부모가 주로 사용하는 것이 물질적 보상이다. 물론 간식, 장난감, 스마트폰 등 아이가 좋아하는 물건으로 보상하면 아이의 긍정적인 행동 빈도는 증가할지 모른다. 하지만 아이는 그 행동이 왜 좋은지 이유는 모른 체 오직 보상을 받기 위해 긍정적인 행동을 할 수 있다.

밥 먹는 것을 싫어하는 아이가 떼쓰지 않고 주어진 양의 밥을 골고루 다 먹었을 때 그에 대한 보상으로 아이스크림을 준다면, 아이는 아이스크림을 먹기 위해 밥을 다 먹는 것이 될 수 있다. 바꿔 말해 아이의 긍정적인 행동을 끌어내긴 했지만 아이는 왜 밥을 골고루 먹어야 하는지 이해하지 못했을 수도 있다는 의미다. 아이 스스로 밥을 골고루 먹으면 자신에게 도움이 되며, 그것이 건강한 식습관이라는 것을 깨닫지 못한 채 행동을 반복하게 된다. 따라서 아이의 특정 행동 수정을 위해 보상을 사용할 때는 아이에게 좀 더 의미 있는 보상을 하도록 한다.

옳은 행동에는 긍정적인 반응과 보상을 해준다

아이나 부모 모두에게 가장 좋은 보상은 비물질적 보상이다. 아이가 좋은 행동을 할 때 미소를 짓거나 고개를 끄덕이고, 안아주기 등으로 보상할 수 있다. 칭찬도 아주 좋은 보상인데, 다만 칭찬은 매우 구체적으로 해야 한다. 가령 "친구들과 싸우지 않고 장난감을 같이 갖고 노는 모습이 정말 멋지구나.", "엄마가 준 반찬을 남기지 않고 골고루 먹어서 엄마는 정말 기뻐." 등 구체적으로 어떤 것이 좋은 행동이었는지를 아이가 느낄 수 있도록 되짚어줘야 한다.

무엇보다 아이의 옳지 않은 행동을 꾸짖기보다는 옳은 행동에 집중해 긍정적인 반응과 보상을 해주는 것이 가장 좋다. 병원에 갔는데 아이가 기다리기도 전에 지루해하며 떼를 쓴다면, 일단 떼쓰는 행동은 크게 신경 쓰지 말고 두었다가 아이가 병원에서 틀어주는 만화영화나 비치된 그림책 등에 관심을 뺏겨 조용히 집중할 때 "우리 지은이가 너무 조용하게 잘 기다려줘서 엄마 기분이 정말 좋네. 고마워."와 같은 말과 미소, 안아주기 등의 긍정적인 관심을 보여준다. 엄마의 긍정적인 관심과 칭찬에 아이는 어떻게 행동하면 안 되는지보다 어떻게 행동해야 옳은 것인지를 스스로 깨닫게 된다.

간혹 아이에 대한 긍정적인 관심이 아이에게 나쁜 버릇을 들일지도 모른다고 걱정하는 부모들이 있는데, 이는 괜한 걱정이다. 아이는 늘 부모의 관심과 지지를 받고 싶어 한다. 부모의 긍정적인 관심은 아이 스스로 긍정적인 행동을 하고 싶게 만드는 힘이 된다는 걸 명심하자.

15
분노 발작

"아이가 감정 격분 행동을 자주 보인다면
부모의 양육 태도를 한번 되돌아보세요."

분노라는 감정은 아이의 본능적인 욕구와 관계가 깊다. 자신이 원하는 대로 되지 않는 데 대한 극심한 좌절 상태에서 일어나는 감정이 바로 분노다. 부모에게 자신의 욕구를 조용히 표현하지만 이를 부모가 지속해서 무시하면 나중에는 극단적인 방법으로 자신의 욕구를 표현하게 된다. 분노를 표현할 때 부모가 자신에게 관심을 보인다는 것을 경험으로 알게 되면 욕구를 분노로 점점 더 거칠게 표현한다.

일반적으로 까다롭고 예민한 아이들이 분노 표출을 많이 하는 경향이 있다. 특히 언어적 표현이 잘 안 될 때 많이 나타난다. 자신의 의사 표현이 쉽지 않다 보니 행동으로 표현을 대신하는데, 나이가 어리거나 언어 발달이 지연된 아이들에게서 특히 두드러지게 나타난다. 대부분 36개월 이후 어느 정도 자기 조절이 되기 시작하면서부터 좋아지는 경향을 보인다.

분노 발작은 정상적인 발달 과정이다

분노 발작은 의학적인 용어로 '감정 격분 행동'이라고 한다. 분노 표현을 강하게 하는 형상으로 1~4세 영유아에게서 주로 나타나며, 욕구 좌절이 그 원인이다. 자신의 욕구를 표현했는데 그것이 충족되지 않으면 좌절을 겪고, 그 과정에서 생기는 분노의 감정을 참지 못해 극심하게 울거나, 소리를 지르거나, 발을 구르거나, 발길질하며 뒹굴거나, 펄쩍펄쩍 뛰거나, 씩씩거리거나, 자신을 때리는 자해 행동을 하는 등 신체적 행동으로 이를 나타낸다. 심한 아이들은 떼를 쓰다 1~2분 동안 호흡을 멈추며 기절하기도 한다.

이쯤 되면 부모들은 왜 내 아이만 이러는지, 문제가 있는 것은 아닌지 걱정하는데, 이는 대부분 정상적인 발달 과정에서 보이는 행동으로 성장하면서 자연스레 좋아지니 너무 걱정할 필요는 없다. 그러나 아이가 감정 격분 행동을 자주 보인다면 부모의 양육 태도를 되돌아볼 필요가 있다. 욕구가 지속해서 무시되었을 때 아이가 분노를 표현하는 경우가 많은데 평소 아이의 요구에 반응을 잘해주었는지, 아이가 분노를 심하게 표현해야만 관심을 가지진 않았는지 돌아본다.

화내지 않고 아이 분노 다스리는 방법

① 지켜보기

아무리 달래도 아이가 행동을 멈추지 않는다고 해서 아이보다 더 크게 소리치고 화를 내는 것은 절대 금물이다. 우선 의연한 태도로 기다리는 자세가 필요하다. 그렇다고 아이 혼자 남겨두어서는 안 된다. 부모가 눈에 보이지 않으면 불안감 때문에 감정 격분 행동이 더 심해지고 자해 행동을 할 수도 있으니 될 수 있는 대로 아이가 엄마를 볼 수 있는 곳에서 지켜보는 것이 좋다.

② 화난 이유와 감정 공감하기

아이의 감정이 진정되면 왜 화가 났는지를 물어본다. 감정은 내가 표현한 것을 상대가 알아주고 이해해줄 때 비로소 해소된다. 아이가 화난 이유를 말하면 먼저 그 감정을 부모가 이해한다는 것을 충분히 알려준다.

③ 적절한 감정 표현법 알려주기

아이가 울거나 떼를 쓰면 흔히 "울지 마.", "화내지 마." 등의 부정적인 감정 자체를 부정하거나 억제하는 경우가 많은데, 이는 옳지 않은 방법이다. 부정적인 감정도 바르게 풀어내고 해소할 수 있어야 한다. "지금 화가 많이 나는구나. 그렇지만 물건을 던질 수는 없어." 등 정서나 감정이 아닌 행동에 대해서만 제약해야 한다. 또한 "나 화났어.", "기분이 나빠." 등 행동이 아닌 말로도 충분히 감정 표현을 할 수 있다는 것을 알려주어야 한다.

④ 부정적인 표현 하지 않기

"뛰지 마." 보다는 "여기서는 걷는 거야.", "시끄러워." 보다는 "여기는 조용히 이야기하는 곳이야." 등의 긍정적인 표현으로 이야기하는 것이 좋다. "뛰지 마, 소리 지르지 마." 등 늘 부정적인 표현을 듣는 아이들은 자신도 모르게 부정적인 정서가 자라날 수 있다는 것을 잊지 말자.

⑤ 갑작스러운 상황 피하기

예측된 상황에서는 짜증이나 분노가 덜 나타난다. 예를 들어 새로운 곳에 갈 때 미리 아이에게 장소와 그곳에서 생길 일에 관해 설명해주면 낯선 장소로 인한 아이의 혼란이 줄어든다. 또 놀이가 끝난 뒤 집에 갈 때는 무조건 데리고 나가는 것이 아니라 10분 전쯤 아이에게

10분 후에는 집에 돌아간다는 것을 미리 알려주면 아이도 마음의 준비를 하게 된다.

⑥ 흔적은 스스로 치우게 할 것

아이가 분노를 표현하며 물건을 던지는 등 주변을 어지럽게 한다면 화가 가라앉은 뒤 치우는 것은 아이 스스로 하게 한다. 그래야 아이도 난리를 치면 자기가 더 힘들다는 것을 알게 된다.

Plus Tip - *적절히 대처하지 않으면*
분노 장애로 이어진다

분노 조절이 안 되는 경험이 제대로 해소되지 않고 쌓이면 어른이 되어서까지 영향을 미친다. 불쑥불쑥 화가 치밀어 오르는 상황이 자주 생겨 친구들, 선생님이나 타인과의 관계에 부정적인 영향을 미치고 이로 인해 왕따를 경험할 수도 있다.

심한 경우 품행 장애나 반사회적 행동 장애로 예후가 나쁘게 나타날 수 있는데, 타인의 잘못을 그냥 넘기지 못하고 마찰을 일으키거나 폭력과 폭언을 자주 사용하기도 한다. 영유아기의 감정 격분 행동은 당연히 일어날 수 있으나 부모가 제때 감정을 해소할 수 있도록 도와주지 않으면 사회적으로도 문제가 될 수 있음을 명심하자.

16
빠는 버릇

—

"3~4세가 되어서도 빠는 행동을 계속한다면
원인부터 정확히 찾아보세요."

빠는 행동은 보통 생후 3~4개월 이후에 자주 나타난다. 이 시기의 특징은 손에 잡히는 것은 무엇이든 입으로 가져가는 것이다. 이 시기 아이들은 입으로 탐색하고 그것을 통해 만족감을 추구하기 때문이다. 따라서 이 시기에 손가락이나 물건을 빨더라도 그대로 두면 대개 6개월이 지나면서 서서히 사라지는 모습을 보인다.

그러나 구강기가 지난 3~4세가 되어서도 무조건 빠는 행동을 한다면 원인이 무엇인지 파악해 고쳐주어야 한다. 빠는 행동을 내버려 두면 구강의 정상적인 발달을 방해할 수 있고, 무엇보다 위생과 직결되기 때문이다.

① 기질적 요인

빠는 느낌 자체를 좋아하는 성향의 아이도 있다. 딱딱한 것이 입에 들어왔을 때의 느낌이 좋아 딱딱한 재질의 물건을 빨거나 씹는 행동을 보이는 아이가 이런 경우에 속한다. 반대로 특정 느낌이 싫어 특정 느낌의 음식을 거부하는 등 구강적 방어를 보이는 사례도 있는데, 특정 감각을 추구하면서 나타나는 행동이라면 감각 통합 치료를 통해 빠는 행동을 멈추게 한다.

② 심리적 요인

심리적 요인 중 특히 불안으로 인해 나타나는 행동일 수 있다. 3~4세경은 자율성과 주도성이 자라는 시기로, 엄마의 곁을 떠나 새로운 모험과 시도를 하며 탐색한다. 이때 아이들은 새로운 것을 받아들이며 불안을 느끼기 쉽다. 불안하다는 표현으로 어떤 아이는 빠는 행동, 특히 손가락 빠는 행동을 보이고, 어떤 아이는 자기 머리카락을 뽑기도 한다. 특정한 물건을 손에서 놓지 않으려 하는 아이도 있다. 불안이 원인이라면 가장 먼저 불안을 해소할 수 있도록 도와준다.

③ 어린 시절 습관

어린 시절에 빨던 행동이 습관화 되었을 수도 있다. 이 경우 심심하거나 TV를 볼 때, 책을 볼 때, 혹은 무슨 일에 몰입할 때 빠는 행동을 자주 한다. 이때 대부분의 부모가 빠는 행동을 하지 못하도록 제재하거나 혼내는데, 이런 방법으로 아이의 빠는 행동을 고치기는 어렵다. 오히려 부모의 눈을 피해 몰래 숨어서 빨거나, 빠는 행동을 멈춘 대신 다른 행동을 습관처럼 하기도 한다.

빠는 습관, 어떻게 고쳐야 할까

① 이유 설명하기

무조건 빨지 못하게 하기보다는 왜 빨면 안 되는지를 먼저 설명해준다. "물건의 표면이나 손가락, 손톱에는 우리 눈에는 보이지 않는 나쁜 병균들이 있단다. 만약 은주가 손이나 더러운 물건을 입에 넣으면 그 병균들이 입으로 들어가겠지? 그럼 그 병균들이 좋지 않은 일을 할 거야. 그래서 손이나 물건을 빨면 안 돼."라고 설명해준다. 이때 동화책이나 동영상을 이용해 재미있게 전달하는 것도 좋다.

② 손으로 할 수 있는 놀이 시도

아이들은 심심하거나 불안할 때 빠는 행동을 자주 보인다. 이럴 때는 아이와 간단한 놀이를 해준다. 놀이를 통해 안정감과 즐거움을 느끼면 빠는 행동이 줄어든다. 만약 심심해하거나 무언가에 몰입할 때 손가락을 빠는 아이라면 손으로 만지작거릴 수 있는 놀잇감을 쥐여주는 것도 도움이 된다.

③ 전문가의 도움 받기

만약 여러 가지 방법을 시도해도 별다른 효과가 없거나 심리적인 이유, 감각적인 이유로 판단된다면 상담기관을 방문해 행동의 원인을 찾고 치료를 받는 것이 좋다. 특히 손가락뿐만 아니라 손에 잡히는 건 무엇이든 입으로 가져가는 경우라면 상담을 통해 원인을 정확하게 파악해 대처하는 것이 중요하다.

Plus Tip - 손 못 빨게 하려고
이렇게 하지는 마세요!

- -

야단치기

아이가 손을 빨면 "손!"이라고 큰소리치며 아이를 혼내는 경우가 있는데, 이는 아이의 스트레스만 높일 뿐 행동 개선에는 전혀 도움이 되지 않는다.

강제로 손 빼기

손가락을 빤다고 야단치면서 강제로 손을 입에서 빼는 것은 아이에게 스트레스만 준다. 심하지 않을 때는 너그러이 받아주며 아이가 스스로 빨지 않도록 느긋하게 기다리는 것이 좋다.

쓴 약 바르기

아이 손에 손 빨기 방지약을 바르거나 반창고를 붙여놓는 것은 좋지 않다. 성공 확률이 낮을뿐더러 성공한다 해도 아이가 엄청난 스트레스를 받는다.

보조 기구 사용

손 빨기 보조 기구는 아이가 손을 너무 심하게 빨아 염증이 발생하는 경우 소아청소년과 전문의와 상담을 한 후 사용하는 것이 좋다. 임의로 사용하면 아이가 손을 마음대로 빨지 못해 좌절감을 느낄 수도 있다.

17
사일런트 베이비

—

"엄마와의 애착이 형성되지 않은 아이는
엄마가 자신을 돌보지 않는다고 생각해요."

흔히 사일런트 베이비와 순한 아이를 같은 의미로 받아들이는데, 엄밀히 말하면 사일런트 베이비와 순한 아이는 다르다. 사일런트 베이비는 말 그대로 조용한 아이로, 울지 않는 아이를 뜻한다. 영아기 때는 모든 의사소통을 울음으로 한다. 배가 고프거나 불편하거나 잠이 오거나 기저귀가 축축한 경우에도 울음으로 자신의 의사를 표현한다. 그런데 영아기 때부터 울음으로 자신의 의사를 전달하지 않는 아이를 '사일런트 베이비'라고 할 수 있다.

순한 기질을 타고난 아이를 순한 아이라 한다면, 사일런트 베이비는 태어날 때부터 울지 않았다기보다는 몇 번의 실패로 의사 표현을 포기한 아이라고 할 수 있다. 여러 번의 울음으로 자신의 의사를 표현했으나 엄마가 제때 돌봐주지 않고 제대로 보호해주지 않으면 영아기 때부터 엄마와 거리를 두는 것이다. 쉽게 말하면 엄마와의 애착이 제대로 형성되지 않은 것이다.

아이의 울음은 엄마의 주의를 끄는 '고통 신호'로 생물학적으로 프로그램된 것이고, 아이의 울음에 엄마가 반응하는 것 또한 생물학적으로 프로그램된 것이다. 아이는 자신을 돌보는 사람, 특히 엄마와 강한 정서적 유대를 맺는데 이것이 바로 애착이다. 그런데 애착이 제대로 형성되지 않으면 울어봤자 어차피 엄마가 자신을 돌보지 않을 것이라 여겨 울지 않게 되고, 그런 아이가 바로 사일런트 베이비다.

사일런트 베이비는 엄마의 반응을 원한다

아이가 울지 않는다고 해서 엄마의 사랑과 반응을 원하지 않는 것은 아니다. 엄마의 반응과 사랑에 굶주려 울지 않는 아이가 된 것일 뿐 실제로는 그 어떤 아이보다 엄마의 반응과 사랑을 원한다. 아이가 울지 않는다고 해서 신경을 쓰지 않고 그대로 내버려 두면 아이는 엄마와의 애착이 더욱 부족해지고, 부모와의 신뢰와 안정감을 쌓지 못하면 이후에 정서 장애가 나타날 수 있다. 또한, 대인 관계와 사회적 적응에서 문제를 일으킬 수도 있다. 따라서 사일런트 베이비일수록 엄마가 아이의 감정에 더 신속하고 민감하게 반응해주어야 한다.

가장 좋은 반응은 스킨십이다. 아이가 어떠한 요구를 하지 않더라도, 어떤 반응을 보이지 않더라도 무조건 안아주자. 스킨십과 함께 아이의 이름을 불러주고, 아이와 함께 눈 맞추기만 열심히 해도 아이는 엄마의 사랑을 느낄 수 있다. 또 아이의 작은 요구에도 엄마가 높은 강도의 반응을 보이는 것이 좋다. 엄마가 과장된 몸짓과 말투로 반응하다 보면 아이는 자연스럽게 활기찬 반응과 표현을 하게 된다.

발달이 느리다면 적절한 자극을 준다

아이들은 보고 듣는 만큼 자기 것으로 받아들인다. 자극이 많을수록 아이의 발달에 도움이 된다는 말이다. 가령 아이가 울 때마다 엄마가 딸랑이를 흔들어준 아이는 엄마와의 애착이 좋은 것은 물론 청각과 시각도 자극을 받아 딸랑이를 잡으려고 손을 뻗는 등의 신체 활동도 발달한다. 반대로 울지 않는 사일런트 베이비라 엄마가 우리 아이는 참 순하다며 그대로 눕혀만 놓는다면 상대적으로 자극을 적게 받아 발달도 느릴 가능성이 있다.

그러나 아이의 반응과 발달이 느리다고 해서 부모가 조급해하면 아이가 그 감정을 그대로 느끼면서 위축되어 사일런트 베이비 증상이 더욱 심해질 수 있다. 부모는 아이의 발달 과정에 맞춰 서두르지 말고 천천히 적절한 자극을 주며 아이가 서서히 받아들일 수 있게 한다.

Plus Tip - *사일런트 베이비와 자폐증 구분하기*

반응이 없다는 이유로 사일런트 베이비와 자폐증 증상을 종종 착각하는데, 사일런트 베이비는 자폐증 증상과 몇 가지 차이가 있다. 우선 자폐증 증상의 경우 상호작용 능력이 떨어져 눈을 제대로 맞추지 못하거나 불러도 반응이 없지만, 사일런트 베이비는 반응이 적기는 해도 부르면 쳐다보거나 고개를 돌리는 정도의 반응을 보인다. 또한, 자폐 성향의 아이들은 같은 동작과 말, 행동을 반복하는 반면 사일런트 베이비는 특별히 한 행동을 반복하지는 않는다.

18
사회성

---

*"사회성은 어느 날 갑자기 생기는 것이 아니라
부모와의 관계를 통해 형성됩니다."*

흔히 사회성이 좋다는 말을 사교적이라는 말과 같다고 생각하는데, 사람을 잘 사귀고 친화력이 좋다는 뜻의 '사교성'과 '사회성'은 같은 의미가 아니다. 사회성이 좋은 사람은 다른 사람의 말이나 행동을 보고 그 사람의 의도를 잘 이해하는 사람이다. 또한, 자신의 행동이나 말이 타인들로부터 이해받고 공감을 불러일으킬 수 있는 능력을 갖추고 있어야 한다.

이런 능력들은 갑자기 생기는 것이 아니라 부모와의 관계를 통해 형성된다. 아이의 사회성 발달은 기본적으로 부모와의 관계에서 시작된다. 부모와 안정적인 애착이 형성되어야만 사회성도 잘 발달하는 것이다. 아이의 사회성 발달에 가장 큰 영향을 미치는 것이 바로 가정이다. 부모 사이가 좋지 않아 서로 다툼이 많은 집, 혹은 부모가 서로 관심이 없어 집 안 분위기가 냉랭한 경우 아이의 사회성 발달을 저해한다. 아이의 사회성 발달을 위해서는 먼저 화목하고 따뜻한 집 안 분위기를 조성해야 한다.

자주 싸우는 집보다 더 나쁜 것이 냉랭한 가정이다. 싸움이 잦은 가정은 그래도 싸우는 과정에서 서로의 감정 교류가 있지만, 냉랭하고 서로 말이 없는 차가운 분위기에서는 감정 교류를 바탕으로 한 상호 작용이 거의 없어 아이가 타인과 교류하는 방법 자체를 배울 수 없다.

사회성은 성인이 되어서도 영향을 미친다

사회성이 중요한 이유는 우리는 혼자가 아니라 함께 살아가야 하기 때문이다. 사회성이 부족하면 또래들과 쉽게 어울리지 못하고, 규칙을 잘 지키지 못하는 경우가 많다. 따라서 아이가 사회성이 부족한 상태로 성장하면 사춘기에 방황할 수도 있고, 학교 폭력이나 왕따 등에 노출될 확률도 높다.

사회성은 유아기뿐만 아니라 청소년기를 거쳐 성인이 되어서도 지속해서 영향을 미치기 때문에 사회성 향상을 위한 꾸준한 노력이 필요하다. 아이가 또래들과는 어울리지 않고 형이나 동생들과만 어울리려고 한다면 사회성 발달 문제를 의심할 수 있다.

만약 또래들과 어울리지 못하는 정도가 심하거나 유치원 보육 교사가 아이의 사회성 문제로 상담을 권한다면 전문가를 통해 아이를 진단해봐야 한다. 사회성 발달이 늦는 경우 언어 발달이 늦는지, 지능 발달에 문제가 있는지, 우울증 내지는 불안 장애가 있는지, 그리고 ADHD 문제가 있는지를 살펴보아야 한다.

| CASE 1 | 수줍음이 많아 함께 놀고 싶지만 다가가지 못하는 아이

→ **엄마가 다리 역할을 해줄 것**

수줍음이 많아 다가가지 못하고 엄마 뒤로 숨는 아이라면 무조건 친구들 사이에 밀어 넣거나 함께 놀라고 다그치는 것은 좋지 않다. 먼저 친구들과 함께 놀고 싶지만 수줍어하는 아이의 마음에 공감해주도록 하자. 그런 뒤 엄마가 아이와 함께 친구들에게 다가가 아이가 친구들과 함께 놀고 싶어 한다는 말을 해주고, 이름이나 나이를 물어보고 아이가 대답하게 하는 등 최소한의 사회적 행동을 할 수 있도록 도와주어야 한다.

| CASE 2 | 처음 보는 아이와 어울리는 것을 싫어할 때

→ 다른 사람과 만날 때 상을 준다

아이에게는 타인과 만남, 특히 낯선 사람과 어울리는 것이 괴롭고 무서운 일일 수 있다. 아이가 처음 보는 친구를 만나고 돌아오는 길에 아이가 좋아하는 사탕을 주거나 장난감을 가지고 놀 수 있게 해보자. 이런 경험을 통해 아이는 자신도 모르는 사이 새로운 친구와 만나는 것을 즐거운 느낌과 연결하게 되고, 새로운 친구에 관한 두려움이 없어지면 사귀고 함께 노는 것도 어렵지 않게 해낸다.

Plus Tip - 사회성 발달에 중요한 아빠 효과

엄마와 아빠 중 아이의 사회성 발달에 중요하고 긍정적인 영향을 주는 쪽은 아빠다. 아빠와 함께 보내는 시간이 많은 아이는 처음 보는 친구들과도 스스럼없이 어울리며 주도적으로 놀이를 진행하려는 모습을 보인다. 아빠와 놀 때는 항상 무언가를 하고 의외성을 띠기 때문에 아이는 아빠와 노는 과정을 통해 다양성을 경험하게 된다.

다양성이 발달하면 사회성도 발달한다. 또 아빠는 아이와 놀 때 적극적으로 몸을 움직이며 새로운 것에 도전하기 때문에 아이의 적극성과 탐구 정신이 키워지고 사회성이 높아진다. 내 아이의 사회성을 키워주고 싶다면 지금 당장 아빠와 함께 뛰어놀게 한다.

19
새 장난감

"부모와의 애착 형성이 부족할 때
새 장난감에 집착하는 경우가 많습니다."

　아이가 새 장난감을 찾는 이유는 두 가지 유형으로 설명할 수 있다. 첫 번째 유형은 욕심이 많아서 장난감이나 물건에 대한 소유욕이 강하고 자제력이 부족한 경우다. 무엇이든 '무조건 많이' 소유하고 싶은 성향의 아이이기 때문에 새로운 것을 보면 무엇이든 충동적으로 사달라고 생떼를 쓰는데, 이런 유형의 아이 부모라면 무엇보다 단호함이 필요하다.

　아이가 떼를 쓰기 시작하면 일단 아이에게 "원한다고 무엇이든 다 가질 수는 없어." 라고 단호하게 말하고 아이의 행동을 살핀다. 만약 그동안 아이가 떼를 쓸 때마다 아이가 원하는 장난감을 사주었다면 아마도 한동안은 '이래도 안 사줄 거야' 라는 생각으로 더 심하게 떼를 쓸 것이다. 주위의 시선이 따갑더라도 일단 아이의 떼가 조금 잦아들 때까지 지켜보자.

　아이가 진정되면 그때 아이를 설득한다. "재훈이가 장난감을 굉장히 갖고 싶어 하는 것은 알지만 지금은 사줄 수 없어." 이때 어떤 이유로 장난감을 사줄 수 없는지 정확하게 말해준다. 집에 로봇 장난감이 많아서, 또는 장난감을 살 돈은 없어서 등. 아이에게 이유를 정확하게 설명한 후 약속을 정해서 약속에 맞는 행동을 하면 스티커를 한 장씩 붙여주고 스티커 10장 모으면 그때 장난감을 하나 사주겠다고 아이에게 약속한다. 스티커 붙이는 방법을 이용하면 스티커를 붙이는 동안 아이 스스로 자신을 통제할 힘을 기를 수 있어 제어력이 부족한 이 시기 아이에게 특히 좋다.

이때 중요한 것은 아이와 약속한 것은 꼭 지키고, 만약 지키지 못하게 됐을 때는 아이에게 양해를 구해야 한다는 점이다. 아이가 약속을 어른들이 상황을 모면하기 위해 잠깐 하는 말이라고 생각하게 되면 앞으로 약속의 효과를 볼 수 없다는 것을 잊지 말자.

두 번째 유형은 부모와의 애착이 부족해서 엄마의 사랑을 더 필요로 하는 경우다. 물건에 대한 소유욕이나 집착보다는 부모가 이 물건을 사줄 것인가 말 것인가에 더 관심이 많아서 부모가 들어주면 안심하고, 그렇지 않으면 짜증을 내고 생떼를 부린다. 부모에게 물건을 사달라고 함으로써 부모의 애정을 시험하는 것으로, 대체로 아이가 부모의 애정에 대한 확신이 없거나 부모의 사랑이 부족하다고 느낄 때 이런 행동을 자주 한다.

특히 동생이 태어난 지 얼마 되지 않았거나 동생과의 나이 차이가 2년 미만일 경우 아이가 부모의 사랑을 동생에게 뺏겼다고 느낀다면 그런 현상이 더욱 심해지는 경향이 있다. 이런 경우라면 먼저 부모가 충분한 애정을 갖고 아이에게 애정 표현을 적절히 했는지 돌아본다. 아이와 즐겁게 놀아주고, 충분히 애정을 느끼도록 해주면 물건을 사달라고 조르는 일이 차츰 줄어들 것이다.

갖고 있던 장난감도 새 장난감처럼!

아이들은 너나 할 것 없이 새로운 장난감에 매료되기 때문에 새 장난감을 좋아하는 것은 아주 자연스러운 일이다. 대개 호기심이 많고 탐색하는 것을 좋아하는 아이들이 늘 새로운 것을 추구하는 건 본능이다. 아이가 갖고 있던 장난감에 꾸준히 흥미를 느끼게 하고 싶다면 다음과 같은 방법을 써보자.

먼저 집에 있는 장난감을 정리해서 절대로 아이가 눈치채지 못하도록 몇 개의 장난감만 두고 나머지는 비밀 공간에 들여놓는다. 새로 사온 장난감도 그날 하루만 놀게 하고 숨겨둔다. 장난감이 없어지면 당장 찾을 것 같지만 의외로 아이들은 장난감의 행방을 금세 잊는다. 장난감을 요일별로 서너 개씩, 아이 놀이방에 계속 바꿔놓으면 아이는 장난감 하나하나를 제대로 탐색하고, 늘 있던 장난감이지만 새로 꺼내줄 때마다 새롭게 받아들인다.

이 방법도 2~3개월 정도 지나면 아이가 알아차리겠지만, 여기서 중요한 점은 그동안 아이가 장난감을 충분히 탐색하고 통제해왔기 때문에 장난감을 좀 더 꺼내놓더라도 통제된 방식으로 충분히 즐길 요령을 터득하게 된다는 것이다. 가능하다면 장난감과 아이만 내버려 두지 말고 부모가 적극적으로 함께 놀아주자. 그러면 이 방법의 효과가 훨씬 좋아진다.

20
생각하는 의자

___

"아이 스스로 자신이 잘못된 행동을 했다는 사실을
인지하는 상황일 때 도움이 됩니다."

대부분 전문가는 '생각하는 의자'가 아이 훈육에 도움이 된다고 말한다. 하지만 여기에는 확실한 전제가 따라붙는다. 아이가 울고 떼를 쓴다고, 잘못된 행동을 한다고 해서 무조건 아이를 의자에 앉히지는 말라는 것이다. 다시 말해 '생각하는 의자'의 사용할 '때'가 정해져 있다는 의미다. 아이가 다른 사람을 때리거나 엄마나 어른에게 말대꾸했을 때, 화가 난다고 욕을 하거나 분을 못 이겨 장난감을 던지는 등 충동적이거나 공격적인 행동을 계속할 때, 아이 스스로 자신이 잘못된 행동을 했다는 것을 인지하는 상황일 때 '생각하는 의자'는 큰 도움이 된다.

하지만 자주 울고 걸핏하면 짜증을 내는 아이, 성미가 급하고 의존적인 아이, 수동적인 아이에게는 이 방법이 그리 효과적이지 않다. 성향은 쉬이 달라지지 않기 때문에 의자에 앉히더라도 하루에도 몇 번씩 짜증을 내고 우는 일이 반복될 것이고, 그럴 때마다 의자에 앉는 아이는 자신의 잘못을 뉘우치는 데 자연히 무뎌질 수밖에 없기 때문이다. '생각하는 의자'를 통해 확실한 훈육 효과를 얻으려면, 아이가 습관적으로 엄마가 앉히는 곳이라는 인식이 생기지 않도록 꼭 훈육이 필요한 순간에만 앉히도록 한다.

언제부터, 어떻게 사용하면 좋을까?

훈육을 위한 도구이므로 아이가 무엇을 잘못했는지 이해할 수 있고 말귀를 알아들을 수 있는 월령인 18개월 정도부터 사용하면 보다 효과적이다. '생각하는 의자'에 앉혀두는 시간은 아이의 나이에 따라 다르다. 3세(만 2세)는 2분, 4세(만 3세)는 3분 등 '만 나이×1분'으로 계산해 의자에 앉혀두는 시간을 정한다. 5세 이상은 아이의 생각이 정리됐을 때를 의자에 머무는 시간으로 정해도 좋다.

'생각하는 의자'는 훈육을 위한 도구이므로 아이가 최대한 자신의 잘못을 뉘우칠 수 있는 환경을 조성해주어야 한다. 장소는 다른 사람들이 관심을 두지 않되 폐쇄되지 않은 곳, 그러면서 아이가 심심하고 지루하게 느껴지는 곳으로 정한다. TV 앞이나 장난감 더미 앞에 놓는다면 일반 의자와 다를 것이 없다.

① 아이가 잘못한 즉시 시행한다

아이가 심각한 문제 행동을 계속하면 꾸짖는 대신 바로 의자에 앉힌다. 이때 아이가 앉기 싫다며 울거나 버텨도 무시하되, 아이의 잘못을 꾸짖거나 잔소리는 하지 않는 게 좋다.

② 시계를 준비한다

아이의 나이에 따라 시간을 달리한다. 영유아는(18~27개월) 2~3분 정도로 짧게 하고 개월 수가 늘수록 시간을 늘리는데, 자신의 행동을 되돌아볼 정도의 시간이면 적당하다. '생각하는 의자'에 앉힐 때는 모래시계나 알람시계를 준비해 아이 스스로 시작과 끝을 알 수 있게 해서 불안해하지 않도록 돕는다. 이와 같은 투명한 시간 설정은 기다리는 통제감과 더불어 아이가 감정을 추스르는 데 도움이 된다.

③ 아이가 잘못을 되돌아보게 한다

'생각하는 의자'에 앉아 벌을 받은 후 아이가 나오면 왜 거기에 앉게 되었는지 생각해보라고 얘기한다. 다만 24~36개월 무렵 아이들은 원인과 결과를 연관 지어 생각하는 능력이 부족해 그 이유를 제대로 말하지 못할 수도 있다. 이 시기에는 엄마나 아빠가 대신해서 아이의 잘못을 말해주고 다시 한번 아이에게 의자에 앉게 된 이유를 되물어 아이가 왜 그런 벌을 받게 되었는지 명확히 깨닫게 한다.

21
성 역할 교육

"부모가 대화를 통해 성에 대해
자유로운 개념을 형성시켜주는 게 가장 좋아요."

성 역할에 대한 개념은 유아기부터 학령기까지 계속 형성된다. 생후 18개월에서 3세 아이들은 자신과 다른 사람들의 성을 '여자' 혹은 '남자'라는 단어를 이용해 구분하기 시작한다. 초등학교 저학년 나이의 아이들은 장난감, 직업, 색깔, 행동 등을 성별과 연관 짓기 시작하며, 성 고정관념을 바탕으로 행동을 하기도 한다.

일반적으로 만 3~7세 아이는 성 역할 기준을 어길 수 없는 규칙으로 여긴다. 이 시기의 아이들을 보면 누가 가르치거나 강요하지 않았는데도 여자아이들은 분홍색과 공주 인형을 좋아하고, 남자아이들은 자동차나 로봇 등을 좋아하는 행동을 보이는 경우가 많다. 그러나 8~9세쯤 되면 이러한 고정관념이 좀 더 유연해지면서 성 역할 기준들이 관습적이기는 하지만 반드시 지켜야 하는 의무가 아니라는 것을 이해하게 된다.

따라서 너무 앞서서 성 역할 교육을 한다면 도리어 성에 대한 개념

형성에 혼란이 생길 수 있다. 성 역할 교육의 적기는 초등학교 입학 전후로, 부모가 대화를 통해 성에 대해 자유로운 개념을 형성시켜주는 것이 좋다.

성별보다는 성격에 맞춰 교육한다

성 역할 형성에 가장 큰 영향을 주는 것은 동성 부모다. 그러나 현대 사회에서는 부모뿐만 아니라 미디어 등을 통한 관찰 학습, 또래 관계, 형제 관계, 교사와의 관계 등이 성 역할 형성에 영향을 준다. 남매를 키우는 경우일수록 엄마의 역할이 중요한데, 남자다워야 한다는 콤플렉스를 강요하지 않고 성별보다는 성격에 따라 놀이를 제안하는 것이 중요하다.

조용하고 내성적인 아이에게 활동성과 앞에 나서라고 강요하면 아이가 스트레스를 받듯이 성 역할에 대한 강요 역시 발달과 성장에 자칫 해가 될 수도 있다. 오히려 아이의 장점에 집중해 그 점을 살려주는 편이 더욱 좋다. 평등한 성 역할을 알려주고 싶다면 특정 역할을 강요하기보다는 언어와 감수성을 발달시키는 교육에 초점을 맞추도록 한다. 더불어 다양한 책과 미디어 등을 통해 올바른 가치관을 형성할 수 있도록 도와주면 아이가 성장하면서 유연한 성 역할 개념을 가질 수 있다.

· ·

양성평등 지수 세계 4위의 스웨덴 아이들은 어려서부터 성 역할에 대한 고정관념 없는 놀이를 즐긴다. 남자도 감정을 표현할 수 있고, 여자도 터프할 수 있다는 열린 교육을 받으며 자란다. 그래서인지 스웨덴에서는 하나의 직업에 지원하는 남성과 여성의 비율이 비슷하며, 특히 여자가 더 적합하다 여기는 유치원 교사도 스웨덴은 남자와 여자 비율이 50:50으로 같다.

양성평등에 대해 다룬 한 다큐멘터리를 보면, 성 역할에 대한 고정관념이 높았던 아이 중 상당수가 양성 교육을 하는 '양성 유치원' 프로그램에 참여하면서 고정관념이 현저히 낮아진 모습을 보였다. 또한, 양성성이 높아진 아이들은 친구 관계에서도 훨씬 유연하게 대처하고, 남을 배려할 줄 알며, 소극적이고 방어적인 태도에서 적극적이고 주도적인 모습을 보였다.

주목할 점은 '양성성'을 강조한 교육이 단지 성 역할에 대한 고정관념에만 영향을 끼친 것이 아니라 아이들 창의성에도 긍정적인 영향을 주었다는 사실이다. 이처럼 양성평등은 단지 바람직한 성 역할을 정립하는 데 그치는 것이 아니라, 아이들의 자존감과 행복감을 높여주며 나아가 창의적 인재로 키우는 일이어서 더욱 중요하다.

22
성 호기심

"성교육은 특별한 게 아니라
일상생활에서 일어나는 모든 것과 연관되어 있습니다."

갓 36개월이 넘은 아이가 성에 대해 궁금해하면 부모는 '얘가 벌써….' 혹은 '요즘 애들은 빨라.' 라고 생각하기 쉽다. 하지만 이 시기의 성에 대한 궁금증은 지극히 정상으로 아이 대부분이 이 시기에 성에 대해 호기심을 갖는다. 프로이트의 발달 단계 이론에 따르면 3~5세는 남근기로 자신의 몸이나 이성 부모에 대한 애정을 느끼는 단계이기 때문이다. 이때는 주로 자신의 성기에 호기심을 보이며 몸에 대한 궁금증이 늘어난다.

부모의 대부분이 '성'교육이라고 하면 아이에게 남자 여자에 대해 가르치고 자료나 책 등을 이용해야 한다고 생각하는데 실상은 그렇지 않다. 성은 몸만이 아니라 가족, 예절, 관계, 소통 등 일상생활에서 일어나는 모든 것과 연관되어 있기 때문이다. 아이가 물었을 때 옆에 앉혀놓고 책을 보여주며 가르치는 교육보다는 일상생활 속에서 자연스럽게 가르쳐주는 것이 낫다. 목욕하면서, 밥을 먹으면서, 가족사진을 보면서 등 일상에서 아이의 눈높이에 맞춰 이해하기 쉽게 설명해주면 아이의 호기심은 저절로 해결된다.

이때 중요한 점은 부모의 자세가 상당히 자연스러워야 한다는 것이다. 아이는 부모가 사용하는 단어, 뉘앙스, 행동을 보고 성에 대한 분위기를 익힌다. 부끄럽고 숨겨야 하는지, 자연스럽고 신비한 것인지의 판가름이 부모의 표현에 따라 달라진다는 말이다. 아이의 질문에 다그치거나 당황해서 어물쩍거리며 넘어가기보다는 아이가 궁금해하는 첫 성을 자연스럽게 알려주는 것이 중요하다.

Q1. 아기는 어떻게 생기는 거예요?

→ "다리 밑에서 주워왔어.", "삼신할머니가 주고 갔어." 등의 비과학적인 답보다는 정확하게 알려주는 것이 좋다. 이때 지식 전달보다는 감정에 초점을 맞춰 설명한다. 단, 용어는 책에 나오는 전문적인 단어보다는 아이의 눈높이에 맞춰 이해하기 쉽게 풀어서 설명하는 게 중요하다.

예를 들어 "엄마의 아기씨와 아빠의 아기씨가 만나서 우리 민호가 만들어졌어. 우리 민호는 엄마 배 안에 있는 아기집 자궁에서 오랫동안 함께 있었단다. 그때 자궁에 있는 민호에게 동화책도 읽어주고 음악도 들려주었어. 그때마다 민호는 발로 차고 손도 차면서 건강하다는 신호를 보냈는데 얼마나 신기했는지 몰라. 시간이 지나 민호가 태어날 때가 되자 엄마의 몸속에 있는 아기만 나올 수 있는 길로 네가 나왔단다. 엄마랑 아빠는 너무 기뻐서 울었던 기억이 나."라며 감정이 전달될 수 있게 해준다. 태교는 어떻게 했는지, 태동할 때 느낌은 어땠는지 등 아이를 주인공으로 동화처럼 들려주면 아이는 그 이야기를 오래 기억하게 된다.

Q2. 고추 만지는 게 좋아요

→ 먼저 아이가 성기를 만지며 장난치는 이유를 알아야 한다. 발달 단계에서 나타나는 행동일 수도 있고, 만질 때의 좋은 느낌 때문일 수도 있고, 심심해서 그냥 장난치는 것일 수도 있다.

하지만 아이가 성기를 만지며 장난치는 것을 봤을 땐 그냥 넘어가지 말고 "성기는 쉬를 누는 일도 하지만 나중에 아기씨가 자랄 곳이기도 해. 그런데 손으로 자꾸 만지면 상처가 나서 쉬를 할 때 아프고 아기씨도 건강하게 자랄 수 없어. 엄마 아빠처럼 건강한 어른이 되려면 손으로 자꾸 만지지 말고 깨끗하게 씻어줘야 해."라고 이야기해준다. 화를 내거나 무조건 금지하는 것은 금물. 왜 만지면 안 되는지를 부드럽게 설명하고, 다른 놀이로 아이의 주의를 끌어 성기 만지는 데서 관심을 돌리는 것이 좋다.

Q3. 엄마 아빠 것도 보여주세요

→ 자신의 몸과 다른 사람의 몸이 다르다는 것에 호기심을 보일 때가 있다. 일상에서 어른과 아이 몸이 다르다는 점을 설명할 때는 목욕을 하거나 옷을 갈아입을 때 자연스럽게 이야기해주는 것이 좋다. 거실이나 방안 혹은 다른 공간에서 몸을 보여 달라고 할 때는 몸을 볼 수 있는 상황은 시간과 장소에 따라 다르다는 것을 설명하며 공간에 따른 예절도 함께 가르친다.

Q4. 친구야, 우리 같이 벗고 놀자

→ 아이가 또래와 놀 때 병원 놀이, 소꿉놀이, 엄마 놀이를 하며 옷을 벗는 행동을 할 때가 있다. 이때는 "친구랑 놀 때는 진짜로 옷을

벗거나 몸을 보여주면 안 돼. 병원 놀이를 할 때는 옷을 입고 진찰해 주는 거야."라고 설명하며 서로의 몸을 보는 것은 놀이가 아니라는 것을 명확히 설명해주어야 한다. 아이가 몸에 대해 호기심을 보일 때는 그림 자료나 책을 통해 보여주고 이야기해주는 것이 좋다.

Q5. 엄마 찌찌, 아빠 고추 만져보고 싶어요

→ 아이가 엄마나 아빠의 몸을 만지려고 할 때는 "만지면 안 돼." 하며 무조건 금지하기보다는 아이의 발달 단계에 따른 행동으로 이해해줄 필요가 있다. 좋은 느낌이나 호기심, 단순 장난일 수도 있지만, 애착의 표현일 수도 있기 때문이다. 만지고 싶은 이유는 다양하지만, 사람의 몸은 모두가 소중하고 중요한 역할을 하므로 함부로 만지면 안 된다는 설명을 해주어야 한다.

예를 들어 "민호가 엄마 몸을 만질 수 있는 건 엄마가 지금 만져도 된다고 했기 때문이야. 그런데 엄마에게 물어보지 않고 갑자기 만지면 엄마가 너무 놀라고 속상할 수도 있어. 엄마나 다른 사람의 몸은 아무때나 만지면 안 되기 때문에 항상 조심해야 해. 네 몸이 소중한 것처럼 다른 사람의 몸도 소중하기 때문이야."라고 이야기해줄 것. 부모와의 학습을 통해 또래 및 다른 사람에 대한 예절도 배울 수 있다.

23
소유욕

———

"적절한 교육이 이뤄지지 않으면
자기중심적인 소유 개념이 자라기도 합니다."

영아들은 생후 12~18개월쯤 되면 신체적 움직임이 비교적 자유로워져 주변 환경을 적극적으로 탐색하며 그 특성을 파악하는 데 골몰한다. 또한, 15~24개월경에는 자신에 대한 인식이 발달하면서 점차 자기중심적인 성향이 심해지는데, 이 시기에는 소유, 즉 '내 것'에 대한 관념도 함께 형성된다.

하지만 유아의 소유 방식은 어른과 달리 매우 미숙하다. 이는 아직 '내 것'과 '네 것'을 구분하는 소유의 개념이 명확하지 않고, 발달 과정상 3~4세까지는 상대방의 처지에서 생각하지 못하고 단순히 '갖고 싶다'는 자신의 욕구에 따라서만 판단하는 특성을 가지기 때문이다.

더욱이 규칙이나 질서에 대한 도덕적 인식이 없는 시기라 남의 물건을 가져오는 게 잘못된 행동이라는 걸 모른다. 그래서 새롭고 흥미로운 물건을 보면 주인이 누구인지, 어떤 상황인지와 관계없이 무조건 자신의 것이라고 우기거나 갖고 싶다고 떼를 쓰고, 다른 아이들과 나누는 것을 싫어하는 모습을 보인다.

일상생활 속에서 배려심을 키워준다

아이의 소유욕은 아이의 타고난 기질, 주변 어른들의 교육, 또래 아이들과의 상호작용 경험 등에 따라 다양한 형태로 나타난다. 보통 만 3~5세 사이에는 다른 사람의 처지에서 생각하는 능력, 규칙을 이해하고 따르는 능력 및 만족을 지연시키는 능력 등이 점차 발달하는데, 이 시기에 적절한 교육 및 경험을 통해 해당 능력들을 습득하지 못하면 자기중심적이고 미숙한 형태의 소유 개념이 계속 이어질 수 있다.

이러한 문제는 결과적으로 아이의 사회성 및 도덕성 발달에 부정적인 영향을 미쳐 성인기에까지 영향을 미칠 수 있다. 사회적 제재가 필요한 욕심으로까지 발달할 수 있다는 의미다.

① 모든 물건에는 주인이 있다는 것을 알려준다

물건에는 각자 주인이 있고, 아이가 마음대로 할 수 있는 자기 물건과 그렇지 않은 남의 물건이 있다는 것을 설명해준다. 평소 아이의 물건에 이름표를 붙인 뒤 엄마나 가족들이 아이의 물건을 만지거나 치울 때 아이의 허락을 받음으로써 소유에 대한 책임감을 길러준다.

이는 엄마가 아빠의 물건을 쓸 때, 다른 형제가 아이의 물건을 쓸 때도 일관성 있게 적용하는 게 중요하다. 반대로 아이가 다른 사람의 물건을 가지고 싶거나 쓰고 싶을 때도 주인의 허락을 받아야 한다는 점을 알려주고, 그대로 행동할 경우 칭찬과 보상을 한다.

② 다른 사람의 물건은 꼭 돌려주게 한다

다른 사람의 물건을 자기 것이라고 우기고 빼앗거나 마음대로 가져왔을 때는 아무리 작은 것이라도 단호한 표정으로 그러면 안 된다고 일러주고 반드시 돌려주게 한다. 이때 과도하게 혼을 내거나 윽박지르기보다는 차분히 설명해주어야 도움이 된다. 더불어 자신의 물건을 친구가 말없이 가져가 버렸다면 기분이 어떨지 아이에게 물어보며 상대방의 마음을 이해할 수 있게 한다.

이를테면 "어제 지훈이가 우리 민정이 인형을 허락 없이 가져가 버렸는데, 그때 기분이 어땠어?", "만약에 네가 아끼는 장난감을 친구가 막 자기 거라고 우기면서 가져갔다가 잃어버리면 네 기분이 어떨 것 같아?"라는 식으로 물어보고, "슬퍼.", "화나." 등의 반응을 한다면 친구도 마찬가지라는 점을 알려준다.

③ 아이의 물건을 친구와 함께 가지고 놀게 한다

아이의 물건을 친구에게 빌려주거나 함께 가지고 놀 수 있다는 것을 알려주고, 친구들은 그런 행동을 하는 아이를 더 좋아한다는 말을 덧붙인다. 그런 다음 아이가 자신의 물건을 친구들과 함께 가지고 놀았을 때 매우 칭찬한다.

④ 부모가 나누는 모습을 자주 보여준다

아이들은 부모의 행동을 관찰하고 모방하면서 자란다. 엄마가 이웃 사람들과 물건을 나눠 쓰거나 주고받으면서 서로 고마워하고 기뻐하는 모습을 보여주는 것은 좋은 모방 학습이 된다. 또 작은 간식거리를 아이가 친구들에게 스스로 나눠주게 한 후 기분이 어땠고 친구들은 어떤 반응을 보였는지 물어보면서 나누는 기쁨을 직접 느껴보게 하는 것도 좋다.

24
숟가락 전쟁

"올바른 식탁 예절은 어른이 되어서도 중요하므로
일찍부터 바른 습관을 길러 주세요."

즐거워야 할 식사시간이 아이와의 실랑이로 전쟁을 방불케 하는 집이 의외로 많다. 아이가 안 먹어서 고민인 가정도 많지만, 아이의 바르지 못한 식탁 예절 때문에 힘들어하는 경우도 적지 않다. 올바른 식탁 예절은 집에서뿐만 아니라 어린이집, 유치원 등의 보육기관에 가서도, 어른이 되어서도 매우 중요하기 때문에 일찍부터 바른 습관을 들이도록 한다.

아이와의 식탁 전쟁에 앞서 아이에게 기본적인 원칙을 명확히 알려주어야 한다. 기본 원칙을 정확히 알고 있다면 아이도 자신에게 제재를 가하는 부모의 행동을 쉽게 수긍한다.

규칙 1, 식사는 정해진 시간에 정해진 자리에서 한다.

규칙 2, 식사 2~3시간 전에는 간식을 먹지 않는다.

규칙 3, 정해진 식사시간이 지나면 상을 치울 것을 알려준다.

| CASE 1 | 밥을 삼키지 않고 물고만 있는 아이

→ 신체 발달을 살펴보고 아이에게 적절한 자극을 해준다

아이가 매번 밥을 물고만 있다면 우선 아이의 신체 발달이 느리지 않은지 확인한다. 성장 발달보다 이유식을 너무 일찍 시작한 경우 소화기관이 소화 효소를 만들지 못해 삼키는 것을 거부할 수 있다. 만약 이런 이유로 아이가 삼키는 것을 싫어한다면 소화가 잘되는 음식, 부드러운 음식 등으로 점차 바꿔 먹여 아이가 소화 능력을 기를 수 있도록 도와준다.

또한, 후각이나 구강 감각이 예민한 아이도 밥을 잘 삼키지 않는다. 후각이 예민한 아이는 여러 음식이 담긴 그릇의 뚜껑을 열어 냄새 맡기를 놀이처럼 해보며 여러 식재료 냄새에 익숙해지게 한다. 구강 감각이 예민한 아이는 볼이나 입술을 가볍게 문질러 마사지하거나 입안을 작은 숟가락이나 막대를 이용해 자극해주는 것도 도움이 된다. 씹는 것에 흥미가 없는 아이라면 부모가 딱딱 소리가 날 만큼 과장되게 씹는 모습을 보여주며 흥미를 유발하는 것도 좋은 방법이다.

| CASE 2 | 밥 먹는 것으로 협상하려는 아이

→ 밥 먹는 것 대신 아이에게 다른 작은 선택권을 줄 것

밥은 엄마를 위해서 먹는 것이 아님을 명확히 해야 한다. "제발 한 번만 먹자.", "이거 다 먹으면 사탕 줄게." 등으로 협상을 하기 시작하면 아이가 밥 먹는 것을 엄마를 위해서 '먹어주는' 행위로 인식해 끊임없이 엄마와 실랑이를 하게 된다. 특히 자율성이 발달하는 2~3세부터는 밥 먹는 것으로 엄마와 심리적 주도권 싸움을 하려 한다. 이때 주도권을 넘겨줘야 하는 것과 넘기지 말아야 하는 것을 명확히 해줄 필요가 있다.

우선 제시간에 밥을 먹는 것은 엄마가 정한 원칙이므로 아이가 거부할 수 없다는 것을 알려준다. 대신 반찬 중에서 먹고 싶은 것을 선택하거나 먹을 양을 선택하는 것 등은 아이가 어느 정도 결정할 수 있게 선택권을 넘겨주는 것이 좋다. "오늘 엄마가 돈가스랑 불고기 하려는데 어떤 것을 할까?", "오늘은 밥을 어느 정도 줄까?" 등으로 선택권을 주면 아이는 만족감을 느낀다.

| CASE 3 | 밥 먹을 때 이리저리 돌아다니는 아이

→ 식탁 의자로 밥 먹는 지정 자리를 만들 것

밥 먹을 때마다 돌아다니는 아이는 과잉 행동 유형으로 볼 수 있다. 밥 먹다가 일어나 방에도 다녀오고, 숟가락이나 컵으로 장난을 치면서 시간을 질질 끄는 등 부모들이 가장 스트레스를 받는 유형이기도 하다. 이럴 때는 식사시간에는 움직이지 않아야 한다는 것을 못 박아두고, 될 수 있는 대로 식탁 의자를 사용해 식사가 끝나기 전에는 내려주지 않는 것이 좋다.

아이들은 활력이 넘치기 때문에 식사시간 전에 활발한 신체 활동으로 아이의 넘치는 에너지를 어느 정도 소모하는 것도 좋다. 이때 절대 하지 말아야 할 것은 숟가락 들고 쫓아다니며 밥을 먹이는 것이다. 엄마가 숟가락을 들고 쫓아오는 순간 아이는 지금 이 순간을 식사시간이 아닌 놀이 시간으로 인지하고 계속해서 놀려고 한다.

| CASE 4 | TV를 보며 밥을 먹으려는 아이

→ TV를 끄고 대신 음악을 들려줄 것

밥을 먹을 때 아이를 식탁에 앉히고 조용히 시킬 요량으로 TV를 틀어놓는 집이 많다. 이것이 습관이 되면 아이는 밥 먹을 때마다 TV를 보려 하고, TV를 보면서 밥을 대충 먹거나 아예 안 먹으려 한다. 이럴 때는 과감하게 TV를 끄는 것이 아이의 식사 예절을 위해서도, 뇌 발달을 위해서도 좋다.

아이가 TV를 보고 싶다고 떼를 쓴다면 아이가 좋아하는 노래를 TV 대신 들려준다. 이때 부모가 함께 식사하는 것이 가장 중요하다. 노래를 따라 율동을 하다가 자연스럽게 밥을 먹는다거나, 좀 더 큰 아이라면 아빠와 식탁에서 끝말잇기 놀이를 한다든지 해서 부모와 밥을 먹는 것이 즐거운 일이라는 것을 알려줘야 한다. 또 평소에 소꿉놀이를 통해 식사시간에 TV를 보는 것이 좋지 않은 일임을 알려주면 아이들이 쉽게 이해한다.

25
승부욕

___

*"건강한 승부욕은 아이 스스로 뭐든지 해낼 수 있는
훌륭한 동기가 됩니다."*

승부욕은 무조건 이기려고만 하고 지면 못 참는 것이 아니다. 결과를 받아들이고, 자신이 무엇을 잘못했는지, 다음엔 어떻게 해야 이길 수 있는지 결점을 보완하면서 이기기 위해 노력하는 것이 진짜 승부욕이다. 따라서 진짜 승부욕이 강한 아이는 승부를 무서워하지 않고, 정정당당하게 규칙을 준수하고, 결과에 승복할 수 있는 아이라고 할 수 있다.

그러나 어린아이들에게 이런 과정을 기대하는 것은 사실 무리다. 단, 이런 과정들을 중간중간 보이는 아이일수록 승부욕이 강한 아이에 가깝다고 보는 게 맞다.

아이들 모두가 주인공이 되고 싶어한다

아이들은 흔히 지는 것을 싫어하고 자신이 주인공이 되어야만 직성이 풀리는 경향을 보인다. 친구들과 술래잡기를 할 때 계속 술래만 하면 속상해하고, 남에게 지는 것도 속이 상해 말을 걸어도 대답하지 않고 심지어 밥도 먹으려 하지 않는 모습을 보이기도 한다. 이런 모습에 부모들은 우리 아이가 승부욕이 강한 것 같다고 말하지만, 이는 진짜 승부욕이 아니라 대개 자신이 졌다는 감정을 잘 조절하지 못해 결과에 승복하지 못하는 모습일 뿐이다. 또한, 결과 이외의 다른 방안은 생각하지 못하고 당장 눈앞에 있는 것만 생각하는 모습이기도 하다.

아이 모두가 주인공이 되고 싶어 하고, 승부에서 이기고 싶어 한다. 그런데 다 이길 수도, 모두가 주인공이 될 수도 없는데 아이들이 친구들과 어울려서 노는 것은 혼자 노는 것보다 같이 노는 것이 더 즐겁고 재미있기 때문이다. 친구들과 어울려 노는 것보다 승부의 결과에 집착하는 아이들은 점차 함께 어울려 놀지 않으려는 모습을 보이기도 한다.

결과에 대한 집착은 외톨이를 만든다

유달리 주인공과 승부에 집착하는 아이들은 대개 사회성이 부족해 사람들과 어울릴 줄 모르고 결과에 집착하는 모습을 보인다. 이런 아이들은 친구들과 놀면서 주인공이 되지 못하거나 승부에서 지면 떼를 쓰고 억지를 부리다가 나중에는 친구들과 놀지 않으려는 모습을 보인다. 그 결과 점차 친구들과 멀어져 외톨이가 되는 경우가 많다.

이런 아이들을 살펴보면 대개 지는 것에 대해 불안한 마음을 갖고 두려워하는 모습을 보인다. 이럴 때일수록 잘 못 하고 실패해도 "괜찮아."라는 말로 아이를 안심시키는 것이 중요하다. 또한, 부모가 아이를 사랑하는 것은 어떤 행동에 관한 결과 때문이 아니라 아이의 존재 자체가 사랑스러워서라는 것을 알려준다.

그러나 아이가 승부에 전혀 관심이 없는 것도 문제가 될 수 있다. 아이들과 어울려서 노는 것 자체를 싫어하거나 불안감이 커 놀지 못하는 모습일 수도 있기 때문이다. 이럴 때는 전문가와 상담해 원인을 찾고 해결하는 과정이 필요하다.

건강한 승부욕을 가진 아이로 키워라

결과에만 집착하는 승부욕이 아니라 진짜 승부욕이 있는 아이는 공부든 놀이든 부모의 도움 없이도 열심히 하고 잘한다. 나이가 어릴수록 진짜 승부욕이 강한 아이는 찾기 어렵지만, 부모의 지도를 통해 아이의 건강한 승부욕을 키워줄 수 있다.

건강한 승부욕을 키워줄 때 가장 중요한 것은 아이가 나쁜 결과를 빨리 받아들이게 하는 것이다. 그러기 위해서는 부모가 아이의 속상한 마음을 이해하고 공감한다는 것을 아이가 알게 하는 과정이 필요하다.

첫째, 나쁜 결과에 대해서 위로한다.

결과 때문에 속상한 아이 마음을 잘 위로해주어야 한다. 외식을 통해 혹은 아이가 좋아하는 장난감을 사주면서 달래는 것이 아니라, 아이의 속상한 마음을 부모가 이해하고 있고 부모도 마음이 아프다는 것을 전달하는 태도가 무엇보다 중요하다.

둘째, 결과를 분석한다.

건강한 승부욕에서 가장 중요한 것이 자신의 잘못을 검토하는 과정이다. 왜 이런 결과가 나왔는지 아이 눈높이에 맞춰서 같이 이야기할 것. 이때 아이가 이해하고 받아들일 수 있는 수준에서 설명해주어야 한다.

셋째, 개선을 위한 계획을 세운다.

계획 역시 아이가 받아들이고 실천할 수 있도록 아이의 시선에서 세워야 한다.

넷째, 계획을 실천할 수 있도록 돕는다.

아이가 잘 실천할 수 있도록 격려하고 피드백을 준다.

26
시기별 맞춤 훈육법

"아이의 발달 상황에 적합한 훈육을 하면
잘못된 행동을 쉽게 바로잡을 수 있습니다."

훈육은 금지의 의미를 이해할 수 있는 12개월부터 하는 것이 좋다. 부모의 말을 제대로 이해하지 못하는 시기에 주야장천 왜 그러면 안 되는지를 설명하는 것은 의미가 없다. 아이의 발달 상황에 맞는 올바른 훈육 방법은 따로 있다.

① 12개월 : 말보다는 행동으로

① 위험한 물건을 만지거나 빨려고 행동할 때는 손목을 잡아 즉시 중지시킨다.

② 아이와 눈을 맞춘다.

③ 도리질이나 손으로 X자를 만드는 등의 동작 중지를 뜻하는 신호를 인식시킨다.

→ 부모의 말을 정확히 이해할 수 있는 나이가 아니므로 말보다는 행동, 신호로 제지하는 것이 좋다. "안 돼."라는 말은 되도록 하지

말고, 아이에게 문제가 될 만한 것은 미리미리 치워둔다. 만약 문제 행동을 보인다면 장난감을 쥐여주거나 같이 손가락 놀이를 하면서 아이의 관심을 다른 곳으로 돌린다.

② 18개월 : 간단명료하게 설명한다

① 아이에게 다가가 눈높이에 맞춰 앉는다.

② 아이의 두 팔을 살며시 잡고 눈을 맞춘다.

③ 표정만으로도 의미가 전달되므로 단호한 표정을 짓는다.

④ 잘못하면 "유리 깨져."와 같은 짧은 문장으로 잘못을 지적해준다.

→ "안 돼."라는 말이 행동을 그만두라는 의미임을 이해할 수 있는 월령이다. 장황하게 설명하는 것보다 한두 단어로 간단하고 명확하게 안 되는 이유를 말해주는 것이 효과적이다.

③ 24개월 : 구체적인 잘못을 설명한다

① 아이를 불러서 마주 앉힌다.

② 눈을 맞추고 쉬운 단어로 구체적인 잘못을 이야기해준다.

③ 아이에게 대안을 제시하고 선택하게 한다.

④ 계속 떼를 쓰면 실망스럽거나 슬픈 표정을 지어 아이가 자신의 행동이 잘못되었음을 깨닫게 한다.

⑤ 이 시기의 아이는 주의력이 짧아 "안 돼." 소리를 반복할 일이 많다. "안 돼."를 반복하기보다는 "그만", "정지", "스톱" 등 같은 의미의 다양한 표현을 사용한다.

→ 언어 능력이 급격하게 발달해 상황에 대한 이해력이 높아지는 때다. 단, "엄마가 이거 하지 말라고 여러 번 말했지, 바보야." 등의 표현은 아이가 행동의 변화가 아니라 수치심과 분노를 느끼게 하므로

주의한다.

④ 36개월 : 스스로 잘못을 인정하게 한다

① 아이의 눈을 바라본다.

② 왜 그랬는지 이유를 물어보고 끝까지 듣는다.

③ 잘못한 이유를 구체적으로 설명한다. 아이가 이해하도록 몇 번이라도 반복해서 설명한다.

④ 그래도 안 되면 생각하는 의자에 앉히거나 벽을 바라보게 한 뒤 1~2분 정도 스스로 무엇을 잘못했는지 알려주는 타임아웃을 실시한다.

⑤ 아이를 안고 다독이면서 혼낸 것은 사랑하지 않아서가 아님을 분명히 알게 해준다.

→ 아이가 스스로 무언가를 시작하려는 시기에 자꾸 제재를 가하면 자신감이 떨어질 수 있으므로 "안 돼"라고 말할 때는 아이가 동의할 수 있게 해야 한다.

27
식탐

———

"엄마가 걱정될 정도로 아이가 먹을 것에 집착한다면
아이는 마음이 고픈 것일 수 있어요."

인간의 본능을 대표하는 두 가지가 식욕과 성욕이다. 성욕은 주로 2차 성장이 일어나는 사춘기 이후부터 나타나지만, 식욕은 태어나면서부터 강하게 나타난다. 배고플 때 먹을 것을 주지 않으면 울음을 터트리고, 이때 젖을 주면 허겁지겁 먹는 신생아의 모습을 보면 쉽게 알수 있다. 특히 신체적 성장이 활발하게 일어나고 그로 인해 식사량이확 느는 시기인 만 2세 이하 또는 사춘기 시절에는 식욕이 더욱 왕성해진다.

하지만 그 밖의 연령대에서 식탐을 보인다면 심리적인 면에서 그 원인을 찾을 수 있다. 어른들도 스트레스를 받으면 먹는 것으로 해소하려는 경우가 많은데, 이런 상황은 아이들에게도 똑같이 적용할 수 있다. 평소와 다르게 아이가 음식에 집착하는 모습을 보인다면 아이가심적으로 스트레스를 받고 있다는 의미로 봐도 좋다. 아이 역시 심적스트레스를 받게 되면 다양한 방법으로 증상이 나타나는데, 그중 하나가 바로 과식이다.

아이는 자신의 욕구 불만을 먹는 행동으로 표현하는 경우가 많다. 대부분의 욕구 불만은 엄마나 친구, 형제자매와의 관계에서 생긴다. 엄마가 원하는 것을 들어주지 않거나, 친구나 형제자매 사이에서의 갈등 등이 여기에 포함된다. 따라서 아이의 식탐이 눈에 띄게 급증하는 시점을 기준으로 아이가 최근 스트레스를 받을 만한 환경 요인이 있었나 되짚어보는 게 중요하다.

아이에게 심리적 결핍은 없는지 살펴본다

아이의 식탐이 유독 과하게 느껴진다고 해서 심하게 야단을 치거나 비난은 절대 하지 않도록 한다. 만약 주변에서 "너는 어떻게 먹는 것밖에 모르니?" 등의 부정적 피드백이 아이에게 주어진다면 주변 사람들과의 관계가 나빠지거나 아이 스스로 자책하게 될 가능성이 크다.

따라서 걱정되더라도 부모는 마음을 추스르고 "우리 정우가 음식을 무척 먹고 싶었구나."라고 아이의 마음을 읽어준다. 그 후 "계속 먹을 수 있어. 누가 빼앗아 먹지 않아."라며 아이를 안심시켜준다. 아이가 음식을 충분히 먹었다고 판단되면 그때 아이를 따뜻한 말투로 설득한다. "그런데 정우야, 한꺼번에 그렇게 많이 먹으면 배가 아플 수 있어." 또는 "갑자기 많이 먹으면 몸이 뚱뚱해져서 움직이기 불편해질 수 있어."라는 식의 설명을 덧붙여 아이에게 과식하면 건강이 나빠질 수 있어 부모가 매우 걱정하고 있다는 사실을 전한다.

한편 놀이 활동으로 관심을 돌려 아이의 식탐을 자제시키는 것도 좋은 방법이다. 아이에게 "이제 음식은 그만 먹고 엄마랑 인형 놀이할까?", "아빠랑 나가서 공놀이할까?"라는 제안을 해보자. 아이는 금세 먹는 것에 대한 욕구를 잊어버린 채 놀이 활동에 몰두할 것이다.

식사 환경도 빼놓을 수 없는데, 식탐을 보이는 아이는 꼭 가족들과 함께 식사하는 것이 좋다. 아이 혼자서 먹을 때는 먹는 것 자체에 집중하지만, 가족이 모여 함께할 때는 서로 대화를 나누며 먹게 되므로 과식을 줄일 수 있다. 식탐을 보이는 아이와 함께하는 식사 자리에서는 밥만 먹는 것이 아니라 아이에게 사사로운 질문을 던지고 아이가 즐겁게 식사할 수 있도록 분위기를 조성해주는 것 또한 중요하다.

식탐을 보이는 아이의 공통점은 부모와의 애착 관계가 제대로 형성되지 않았거나 부모가 의도하지 않았지만 뭔가 심리적으로 결핍을 느끼는 경우다. 심리적 결핍으로 먹을 것에 집착하는 행동을 보이는 아이에게는 늘 사랑을 표현하도록 한다. 아이에게 "엄마는 너를 무척 사랑해.", "아빠는 우리 정우가 아빠 아들이라서 너무 기뻐." 등 사랑 표현과 스킨십을 자주 해주는 것이 좋다. 사랑의 직접적인 표현이야말로 아이가 심리적 포만감을 느끼게 하는 가장 좋은 방법이기 때문이다.

28
심부름

"적절한 심부름은 아이의 성취감과 자존감을
함께 키워주는 훌륭한 도구입니다."

심부름은 아이에게 귀찮은 일이 아니라 사랑하는 사람이 좋아하는 일을 자신이 하고 있고, 그것을 통해 그 사람을 기쁘게 한다는 성취감과 자존감을 함께 키워준다. 또한, 심부름을 통해 아이는 많은 것을 배울 수 있다. 심부름을 이해하고 정확히 수행하기 위해 심부름시킬 때 사용한 어휘를 파악하면서 언어 능력이 자연스럽게 발달하고, 가벼운 집안일 등을 도우면서 책임감도 발달한다. 이외에도 심부름하는 과정에서 예상치 못한 상황에 부딪히고 이를 해결하는 과정을 통해 상황 판단력과 분석력, 과제 해결 능력 등도 함께 키울 수 있다.

심부름은 만 3세 이후가 적당

아이가 말을 알아듣고 문장 구조를 이해하고 신체 발달이 정상적으로 이뤄지기 시작할 때, 특히 두 발로 서서 걷기 시작하면서부터 부모들은 이미 알게 모르게 아이에게 심부름을 시켜왔다. 심부름의 사전적 의미는 남이 시켜서 하는 일로, "장난감 주세요.", "밥 먹자.", "뽀뽀해주세요." 등도 사전적 의미로 풀이하면 아이는 이미 심부름을 생활 속에서 하는 셈이다.

심부름을 명확하게 할 수 있는 나이는 신체 발달이 잘 이루어진 나이라고 볼 수 있다. 12개월이라도 엄마의 요구에 정확하게 반응한다면 심부름을 할 수 있는 나이라고 볼 수 있는 것. 다만 이 시기에는 단순 요구하기 형태의 심부름을 시켜야 한다.

일반적으로 생각하는 심부름은 만 3세 이후가 적당하다. 만 3세 이전에도 심부름은 가능하나 그 의도를 정확히 모르고 시키는 대로만 했다면, 만 3세 이후에는 '왜'에 대해 알아가는 시기라서 시키는 이유를 알고 행동을 할 수 있다. 또한, 심부름을 시킬 때는 아이의 발달 수준을 고려해서 할 수 있는 일을 시키도록 한다. 아이의 능력에 반해 너무 어려운 심부름을 시키면 아이는 성취감 대신 부담과 좌절, 두려움을 느낄 수 있다.

심부름시킬 때 할 것과 하지 말아야 할 것

DO 1 : 부탁하기

아이에게 심부름시킬 때에는 항상 "수민아, 엄마 좀 도와주겠니?"라고 부탁하는 모습을 보이도록 한다. 부탁을 받으면 아이는 자신이 도와줄 수 있는 일인지 아닌지를 생각하며 판단력을 키운다. 또한, 심부름하면서 자신이 남을 도와줄 수 있는 존재라는 자존감을 배우게 된다.

DO 2 : 고마움 표현하기

심부름 후에는 "수민아, 엄마를 도와줘서 너무 고마워."라고 반드시 고마움을 표현해야 아이가 자신의 행동에 보람을 느끼고, 자신도 다른 사람에게 사랑을 줄 수 있다고 느낀다. 뽀뽀해주기, 안아주기, 동화책 읽어주기 같은 피드백을 제공하는 것도 좋은 방법이다.

DON'T 1 : 위험하거나 비도덕적인 심부름시키지 않기

어린아이에게 사과 깎는 과도를 가져오게 하는 위험한 심부름이나, 음식물 쓰레기를 일반 쓰레기봉투에 버리게 하는 비도덕적인 심부름은 시키지 않아야 한다.

DON'T 2 : 명령하지 않기

심부름을 시킬 때는 절대 "수민아, 저기 수건 가져와."와 같은 명령조를 사용해서는 안 된다. 명령은 심부름이 아닌 강요와 강제가 되기 때문이다. 심부름은 귀찮고 힘들고 무서운 것이 아니라 남을 도와주는 좋은 일이라는 것을 느끼게 해주어야 아이가 심부름에 대해 거부감을 느끼지 않는다.

DON'T 3 : 무반응

심부름을 열심히 했는데도 따뜻한 말 한마디의 피드백이 없다면 아이는 의욕이 줄어 심부름하는 즐거움을 느끼지 못하고, 점차 심부름하기를 거부하게 된다.

나이에 맞는 심부름을 시켜라

① 만 2~3세

심부름을 놀이처럼 하는 것이 키포인트. 이 시기는 간단한 말은 알아듣지만, 지시를 완전히 이해하고 제대로 수행하기는 어려운 나이다. 쓰레기통에 휴지 머리기, 장난감 정리하기 같은 활동을 놀이처럼 해본다. 이때 무조건 아이에게 시키는 것이 아니라 부모가 먼저 시범을 보여주어야 하며, 아이가 심부름하는 도중에는 간섭하거나 도와주지 말고 아이 스스로 끝낼 수 있도록 지켜보아야 한다.

② 만 4~5세

이 시기에는 간단한 집안일을 하도록 해보자. 언어가 급속도로 발달하는 시기로 부모의 말을 대부분 이해하고 자신의 의견을 표현할 수 있다. 또한, 독립심이 강해져 모든 일을 스스로 하려는 경향이 있다. 냉장고에 물건 넣기, 수돗물 잠그기, 빨래 널기 등의 쉬운 집안일을 시켜볼 것. 아이가 무언가를 해냈다는 성취감을 얻는다.

29
아빠와의 애착

―――

"아빠와의 관계가 제대로 형성될 때
수많은 타인과도 좋은 관계를 만들 수 있어요."

엄마와의 애착은 아이의 자아 형성에 영향을 주고, 아빠와의 애착은 아이의 사회성 발달에 영향을 미친다. 아이는 엄마와 자신을 동일시한다. 따라서 엄마와 친밀감을 쌓고 애착을 형성하는 것은 곧 아이의 자아 형성에 영향을 준다.

반면 아빠는 남이다. 아이에게 아빠는 가장 처음 만나는 제1의 타인으로 아빠와의 관계를 통해 생애 처음으로 대인 관계를 맺는다. 따라서 아빠와의 관계가 제대로 형성되어야 앞으로 만나는 수많은 타인과도 좋은 관계를 만들 수 있다. 또한, 아빠와의 관계에서 신뢰와 지지를 받으면 자존감이 형성되고 발달한다. 이처럼 엄마와의 애착 형성과 아빠와의 애착 형성은 출발선은 물론 영향이나 성격도 다르다.

아빠와의 애착은 태교부터 시작한다

애착은 곧 익숙함과 친밀감이다. 아이와의 애착을 높이고 싶다면 태중에서부터 시작한다. 가장 좋은 출발은 행복한 부부 관계다. 부부가 평소 서로 배려하고 신뢰하고 사랑하는 대화를 나누면 이것이 소리를 통해 태아의 무의식에 전달되고, 이는 익숙함과 친밀감으로 연결되어 태어나면서부터 자연스러운 애착 관계가 형성된다. 특히 아빠의 중저음 목소리는 아이가 심리적인 안정을 느끼는 데 많은 도움을 준다.

아이가 태어난 이후의 가장 좋은 애착 형성 방법은 스킨십이다. 신체 접촉은 사랑하는 사람 사이에서만 가능한 일로, 아이는 아빠와의 신체 접촉을 통해 아빠의 사랑을 느끼며 친밀감을 높여간다.

아이와 친해지는 10가지 방법

① 태담하기

항상 아이가 옆에 있다는 마음으로 말을 건다. 아침에 일어나면 날씨에 관한 이야기를 나누고 잠들기 전에는 온종일 있었던 일을 얘기해준다. 이때 단순히 인사만 건네는 것이 아니라 정확한 단어와 정확한 발음으로 모사하듯 자세하게 설명한다.

② 안고 수유하기

분유를 먹이는 아이라면 분유 수유를 하고, 모유를 먹는 아이라면 저장한 모유 등을 통해 가끔은 아빠가 직접 수유를 한다. 젖병을 이용하더라도 자세는 모유 수유를 하듯 안고 먹이는 게 좋다. 아이가 아빠의 심장 소리를 듣고 체온을 느끼며 아빠의 얼굴을 잘 알아볼 수 있도록 한다.

③ 기저귀 갈기

기저귀 갈기는 아빠의 손길과 체온을 전달하는 좋은 방법이다. 단지 기저귀를 가는 데 집중하기보다는 아이와 눈을 맞추고 웃으며 말을 건네는 등 의사소통 기회로 여기자.

④ 목욕시키기

신생아는 따뜻한 온도에서 신체 접촉을 하면 옥시토신 호르몬이 분비된다. 옥시토신은 일명 사랑의 호르몬으로 서로에 대한 친밀감을 더욱 높여준다. 연구에 따르면 아빠와 자주 목욕을 한 아이는 그렇지 않은 아이보다 친구 사귀기 등의 사회성이 좋은 것으로 나타났다.

⑤ 취침 놀이

별 보고 출근하고 달 보고 퇴근해 늘 잠든 아이만 보더라도 그냥 지나치지 말고 다정하게 안아주고 쓰다듬어주자. 팔다리를 마사지해주고 뽀뽀를 해주면 비록 잠을 자고 있더라도 아이는 아빠의 사랑을 느낄 수 있다. 단, 술을 마시고 하거나 아이를 굳이 깨우지 말 것.

⑥ 업어주기

업어주기는 모든 놀이의 왕이다. 매일 업어주기만 해도 친밀감은 증폭된다. 신체 접촉 부위가 넓어 아빠의 숨결과 체온을 보다 가까이서 느낀다.

⑦ 아빠 자동차 놀이

아이를 무릎에 앉히고 좌우로 살살 흔들거나 무릎을 세워서 경사지게 만들어 아이가 미끄러지게 해보자. 아이를 흔드는 동작은 전정기관을 자극해 균형 감각을 키워주며, 아이가 보챌 때 살살 흔들어주면 정서 발달에도 도움이 된다.

⑧ 노래 불러주기

매일 동요를 한 곡씩 불러주자. 아빠의 소리를 통해 아이는 편안함과 친밀감을 느끼고 동요를 듣고 따라 부르며 아빠와 교감을 형성한다.

⑨ 그림책 읽어주기

영아기 때는 사물 중심의 그림책, 말을 배울 무렵에는 의성어· 의태어가 풍부하게 반복되는 그림책을 읽어주면 좋다. 중저음의 아빠 목소리는 아이에게 정서적인 안정감을 준다.

⑩ 마사지하기

목욕 후 아이의 몸에 로션을 발라주며 마사지해주자. 아빠와 아이가 사랑의 눈빛과 체온을 나눌 수 있어 정서적 안정감을 느낀다. 또 쉽게 잠이 들며 혈액순환을 자극해 아이를 건강하게 만든다.

30
아빠표 훈육

___

"아이의 성별을 고려해서 짧고 단호하게 이야기하세요."

부모가 아이와 함께 보내는 시간이 적으면 아이가 잘못해도 안타까운 마음에 훈육을 제대로 못 하는 경우가 종종 있다. 하지만 부모가 아이를 훈육하지 않는 것은 아이를 향한 사랑이 아니라 방임이며, 나아가 옳고 그름을 알고 타인을 배려할 수 있는 사회 구성원으로 자라기 어렵게 만든다는 사실을 잊지 말아야 한다. 아이를 한 인격체로 존중하면서 아이의 잘못된 행동은 올바르게 훈육해 아이가 바르게 성장하도록 돕는 것이 진짜 사랑이다.

요즘 육아에서 아빠의 역할이 중요하게 인식되면서 육아의 전면에 나서는 아빠가 늘고는 있지만 많은 아빠가 훈육을 어떻게 해야 할지 막막해한다. 훈육 역시 육아의 일부분이고, 자녀의 훈육은 아빠의 역할 중 많은 범위를 차지한다. 또한, 아빠표 훈육은 엄마의 훈육과는 조금 다른 모습이기도 하다.

아빠표 훈육에서 이것만은 꼭 지켜라

① 짧고 단호하게 이야기한다

아빠는 엄마처럼 섬세하게 아이의 감정을 살피며 잘못에 대해 훈육하기가 어렵다. 하지만 "장난감은 던지면 안 돼.", "동생을 때리면 안 돼."와 같이 짧고 단호한 훈육을 할 때는 엄마보다 아빠가 더 효과적이다. 짧고 단호한 아빠의 저음 목소리는 아이가 무엇을 잘못했는지를 정확하게 전달하고, 아이는 아빠의 이야기에 수긍하게 된다. 단, 아빠의 화와 짜증이 섞인 큰 목소리나 말투, 체벌은 이성적인 훈육을 방해하고 아이에게 아빠에 관한 두려움만 남기므로 주의한다.

② 아이의 성별을 고려한다

먼저 아빠가 딸과 아들의 훈육 방법이 다르다는 것을 인지해야 한다. 여아의 경우 남아보다 정서적인 영역이 빠르게 발달하기 때문에 타인의 감정에 민감하게 반응하고, 공포감이나 두려움 또한 남아보다 많은 편이다. 따라서 딸을 훈육할 때는 아이의 감정을 충분히 듣고 제대로 인지한 다음 새로운 대안을 주는 것이 좋다.

예를 들어 딸아이가 화가 나서 장난감을 던지려고 한다면 "화가 나서 장난감을 던지고 싶니? 그렇지만 화가 난다고 장난감을 던지면 안 돼. 대신 공은 던질 수 있어."라고 이야기한다. 딸은 아빠가 자신의 감정을 알아주었기 때문에 쉽게 문제 행동을 멈춘다.

반면 잘못했을 때 부모의 눈빛과 표정만 보고도 상황을 알아차리는 여아와 달리 남아는 "왜요? 뭐가 잘못됐죠?"라는 눈빛으로 부모를 본다. 그러므로 감정적인 훈육보다는 정확한 논리를 먼저 말해주는 것이 문제 행동을 멈추게 하는 데 도움이 된다. 즉, 아들에게는 "장난감을 던지면 안 돼."를 먼저 말한 뒤 아이의 속상한 마음에 공감하고 새로운 대안을 알려주어야 한다.

③ 훈육 후에는 사랑을 전달한다

훈육 후 아이에게 사랑을 전달하는 것은 매우 중요하다. 이 과정을 소홀히 하면 아이에게 아빠는 혼만 내는 사람이 될 수 있다. 또 아빠가 훈육할 때만 전면에 나서기보다 평소에 아이와 함께 놀이하는 시간을 자주 가지면, 아이는 아빠를 단지 혼내는 사람이라고 생각하지 않게 된다.

아빠가 훈육할 때 엄마는 자리를 피해라

엄마와 아빠 중 누가 훈육을 하는지는 중요하지 않다. 아이가 잘못을 저지르는 상황을 목격한 부모가 훈육하는 것이 가장 좋다. 많은 엄마가 저지르는 실수 중 하나가 아이가 잘못했을 때 "이따가 아빠한테 다 얘기할 거야. 아빠한테 혼날 줄 알아."라고 말하는 것이다. 잘못한 순간이 아니라 아빠가 퇴근한 후에 아이를 혼낸다면 아이는 자신이 혼나는 이유를 정확히 이해하기 어렵다.

또한, 아빠는 아이를 혼내고 엄마는 다독이기만 하면 아이가 아빠와 좋은 관계를 맺을 수 없다. 아빠가 훈육할 때 엄마는 그 자리를 피하는 것이 좋은데, 엄마가 흐름을 끊어 아이 편을 들어주거나 두둔하면 기껏 훈육해도 효과를 거두기 어렵기 때문이다. 아빠의 훈육이 모두 끝나면 "아빠가 너를 혼낸 건 네가 바르게 자랐으면 하기 때문이야."등으로 아이가 자신의 잘못을 인정할 수 있도록 도와주고, 아빠에 대한 부정적인 감정이 남지 않게 해주는 것이 바람직하다.

Plus Tip - 이성적으로 훈육하는 효과적인 방법

무시하기

부모가 평정심을 유지할 수 있는 정도의 사소한 행동일 때는 아이의 잘못된 행동을 무시하는 것이 도움이 된다. 단, 처음부터 끝까지 철저하게 무시해야 효과가 있다. 중간에 평정심이 무너져 아이에게 소리를 지른다거나 하면 오히려 잘못된 행동을 강화할 수 있다.

타임아웃

타임아웃은 아이가 잘못된 행동을 하는 즉시 아이 혼자 비어 있는 공간에 가서 생각하게 하는 방법이다. 타임아웃 방법을 사용하기로 마음먹었으면 아이에게 타임아웃 규칙에 대해 미리 알려준다. "잘못을 저지르면 저 장소에 가서 정확히 10분 동안 가만히 앉아서 반성해야 해."라고 간단히 알려줄 것.

타임아웃을 위한 공간은 식구들이 가끔 지나다니는 곳을 선택하고, 너무 어두우면 아이가 공상할 수 있으니 밝은 곳으로 정한다. 또 TV나 장난감 등 생각에 방해되는 물건은 모두 치운다. 타임아웃을 할 때는 적절한 시간을 정해야 하는데, 아이를 타임아웃 시키고 나서 부모가 그 사실을 잊어버릴 수 있으므로 타이머를 사용하는 것도 도움이 된다.

타임아웃이 끝나면 아이에게 무엇을 잘못했는지를 물어 스스로 반성하고 대답하게 한다. 모르겠다고 하면 한 번 더 타임아웃을 시킨다. 그러나 세 번을 했는데도 대답하지 못한다면 정말 모르는 것이니 아이에게 무엇이 잘못된 행동인지 다시 한번 말해준다.

31
엄마 가슴

─────

"엄마 가슴에 대한 집착이 사라질 때
아이의 심리적, 사회적 독립심도 생깁니다."

아이들은 불안하면 부모의 존재를 확인하려고 한다. 부모가 눈에 보이지 않으면 불안해하고 곁에 있으면 편안함을 느끼는 아이들의 행동을 보면 쉽게 알 수 있다. 가슴을 만지는 것도 마찬가지다. 아이들은 스스로 할 수 있는 일이 많지 않아 자주 불안감에 시달리는데, 이 불안감을 해소하는 가장 좋은 방법이 바로 부모와의 접촉이다.

아이에게 엄마의 가슴을 만지는 행위는 그중에서도 가장 편안하고 행복한 순간을 만드는 최고의 방법이다. 대개 불안하거나 졸리는 등 심리적으로 편안하지 않을 때 엄마의 가슴을 찾는다. 아이가 부모를 확인하는 방법 가운데 하나로 부모의 신체를 만지는 것인데, 부모의 몸을 만지면 마음이 편안해지기 때문이다.

아이들이 만지는 부모의 신체가 꼭 가슴만은 아니다. 가슴을 만지는 아이는 대개 모유 수유를 한 경우로, 엄마의 가슴을 만지면 편안했던 기억 때문에 가슴에 집착하는 것이다. 엄마의 귀, 입, 머리카락 등에 집착하는 아이도 있다. 아이는 자신이 편안함을 느끼는 엄마의 신체 부위를 반복적으로 만지고 그것을 통해 불안한 마음이 사라지는 걸 느낀다.

이것이 촉각 자극인데, 촉각 자극을 많이 원하는 아이는 엄마의 가슴과 귀, 팔 등을 계속 만지고 싶어 하고 대개 애착 대상자의 신체에 한정해 집착하는 경향이 있다. 불안할 때마다 반복했던 방법을 엄마가 무턱대고 막으면 아이는 더 큰 불안을 느낀다. 따라서 아이가 자연스럽게 행동을 바꿀 수 있는 적절한 대안을 마련할 필요가 있다.

엄마 의존도가 높을수록 엄마 가슴에 집착한다

엄마 가슴에 유난히 집착하는 아이들은 대부분 엄마에 대한 의존도가 높은 편이다. 엄마의 가슴을 놓지 못한다는 것은 엄마와의 심리적 공생을 유지하고 싶은 욕구가 강하기 때문이다. 심리적 공생이란 엄마와 아이가 분리된 각자가 아니라 엄마가 아이고, 아이가 곧 엄마인 일체감을 말한다. 그러므로 엄마의 젖은 적절한 시기에 떼고 가슴에 대한 집착을 줄여야 아이의 심리적, 사회적 독립도 일어난다.

젖을 먹으려는 것이 아니라 단지 자꾸 만지고 싶어 할 때는 어떤 이유로든 아이가 불안감을 느껴 그 불안감을 해소하려는 행동일 수 있다. 따라서 무조건 만지지 말라고 막는 것은 바람직하지 않다. 우선 성공 확률이 낮을뿐더러 아이와 엄마의 관계만 나빠진다.

가장 좋은 방법은 아이의 불안감을 다스릴 수 있는 대안을 마련해주는 것이다. 먼저 아이에게 엄마와 관련된 물건을 제시하고, 그중에 마음에 드는 것이 없다면 아이와 관련된 물건 순으로 넘어간다. 어릴 때 아이가 좋아했던 이불 같은 것이 있다면 일부를 손수건처럼 오려줘도 좋고, 특별히 좋아하는 캐릭터가 있다면 작은 마스코트 같은 걸 들고 다니며 그걸 대신 만지게 하는 것도 방법이다. 이렇게 엄마 가슴에서 대체물로 서서히 넘어가면서 아이가 불안감이나 불편함을 마음속에서 통제하는 힘을 갖도록 도와준다.

아이의 행동을 바꿔줄 몇 가지 솔루션

① 단호한 금지는 금물이다

아이의 행동을 교정할 때 따끔하게 야단치는 경우가 많은데 무작정 만지지 못하게 하는 건 가장 안 좋은 해결책이다. 성공 확률도 낮을뿐더러 오히려 부모와 아이의 관계만 나빠진다. 무엇보다 아이도 그런 행동을 하지 말아야 하고, 엄마가 자신의 행동을 싫어한다는 것을 알고 있다. 다만 순간적으로 불안을 느낄 때 다른 대안이 없다 보니 어쩔 수 없이 반복하게 되는 것이다. 냉정하게 야단치면 아이가 수치심을 느낄 수 있으니 되도록 삼간다.

② 한 번에 끊지 말고 행동을 줄여간다

우선 밖에서 하는 행동부터 끊어본다. 이때 단호하게 한 번에 끊는 것이 아니라 "엄마 가슴은 소중한 것이라서 사람이 많은 곳에서는 함부로 만지면 안 돼."라는 말로 계속해서 아이를 이해시킨다. 시간대나 장소에 따라 엄마 가슴 만지는 걸 허용하는 것도 방법이다. 가령 밖에서는 안 되지만 집에서는 괜찮다거나 밤에는 만질 수 있지만 낮은 안 된다는 규칙을 정해준다. 잘 지키면 칭찬해주고 많이 안아주는 등 아이가 심리적으로 안정을 느끼게 한다.

③ 부정적인 말은 가능하면 삼간다

엄마 가슴을 만지면 안 된다는 걸 알려주기 위해 부정적인 말을 사용해서는 안 된다. "엄마 찌찌 만지면 남들이 아기라고 놀리잖아." 등의 부정적인 말은 아이의 자존감을 떨어뜨릴 수 있다. 더구나 불안을 느껴 엄마 가슴을 만지는 아이에게 이런 말을 하면 오히려 아이의 불안감을 더 크게 만들어 집착을 불러올 수도 있다. 이럴 때는 "우리 수정이는 이제 엄마 가슴을 안 만질 수 있어. 이제는 다른 방법을 써 보면 어떨까?"라고 말해주는 게 좋다.

Plus Tip - 동생 수유에 질투하는 첫째, 어떡하면 좋죠?

엄마가 단호하게 만지지 못하게 하면 아이에게 정서적 결핍이 클 수 있다. 특히 동생이 태어난 후 엄마 가슴에 더욱 집착한다면 동생에게 엄마의 사랑을 빼앗겼다고 느껴 결핍을 느낄 가능성이 있다. 엄마가 동생을 안고 있는 시간도 많은데 엄마의 가슴까지 빼앗겼다고 생각한다면 첫째는 더 샘을 내거나 질투를 느낀다. 이럴 때는 동생이 젖을 먹는 것 이외의 다른 것은 자신과 함께할 수 있다고 믿으며 엄마의 사랑을 충분히 느끼게 해주는 것이 중요하다.

그러나 결핍을 느끼는 것 자체가 꼭 해로운 것만은 아니다. 결핍을 극복하는 과정에서 나름의 개성을 갖게 되는데, 엄마가 줄 수 있는 만큼의 사랑을 꾸준히 일관되게 주는 것이 중요하다. 큰아이와 함께 있는 시간을 늘리고, 스킨십 횟수도 더욱 늘린다. 아이의 나이에 맞는 엄마와의 애착을 강화할 방법을 찾아 아이가 자연스럽게 자신은 엄마의 젖을 졸업했음을 알게 해주도록 한다.

32
엄마 의존성

—

"아이가 엄마에 대한 의존도가 높다면
엄마 자신의 양육 태도부터 되돌아봐야 해요."

아이는 생후 7~8개월이 되면 엄마를 알아보고 엄마에게서 심리적인 안정을 찾으려고 한다. 이 시기의 아이는 엄마와 떨어지면 불안을 느껴 잠시도 떨어지지 않으려고 하는데, 이것을 '분리불안'이라고 한다. 이 시기의 아이들은 엄마와 잠깐 떨어지는 것도 힘들어하는데, 이는 엄마와 애착이 잘 형성되고 있다는 증거이므로 아이의 이러한 발달 행동을 이해하고 안정적인 보육을 해주면 만 2~3세 전후로 점차 불안감이 줄어든다. 그래서 만 3세까지는 안정적인 보육이 가장 중요하며, 이때 엄마에 대한 신뢰가 형성되지 않으면 6세 이후까지도 엄마와 떨어지는 것을 힘들어하고 다양한 문제 행동을 보일 수 있다.

엄마와 한시도 떨어지지 않으려고 하는 등 엄마에 대한 의존성이 유독 강한 아이는 현재 불안하다는 것을 의미한다. 대개 돌이 지나면서 아이는 운동 기능이 급격히 향상되고 엄마와 떨어지는 경험을 조금씩 하게 되는데, 이때도 새로운 환경을 탐색하지 않거나 어떠한 것에도 흥미를 보이지 않고 엄마 옆에만 붙어 있으려고 한다면 불안 장애를 의심해봐야 한다. 만약 만 3세 이후에 다른 사람에게 적대적인 태도를 보이며 폭력적인 행동을 하거나 자신의 감정을 격하게 표현하는 등 문제 행동을 한다면 좀 더 적극적인 진단과 양육 태도의 변화가 필요하다.

아이의 엄마 의존성을 부추기는 것은 엄마다

아이가 분리불안이 서서히 사라져야 하는 월령에도 엄마에 대한 의존성이 지나치다면 먼저 엄마의 양육 태도부터 점검해본다. 많은 부모가 아이가 엄마와 함께 있으면 편안하고 불안해하지 않으며, 자연스럽게 아이와 엄마 사이에 애착 관계가 형성될 것이라고 착각한다. 하지만 그건 사실과 다르다. 엄마와 아이가 한 공간에 있다고 해서 둘 사이에 정상적인 애착 관계가 형성되는 것은 아니기 때문이다.

만약 둘이 같은 공간에 있었지만 아이는 혼자 놀고 엄마는 설거지나 청소, 스마트폰 사용 등으로 아이의 행동에 관심을 보이지 않았다면, 아이의 요구에 즉각 반응해주지 않았다면, '잠깐은 괜찮겠지'라는 생각에 아이에게 말하지 않은 채 아이 혼자 두고 쓰레기를 버리기 위해 밖에 잠깐 나갔다가 와 아이가 놀란 기억이 있다면, 아이 앞에서 아빠와 자주 다투는 모습을 보였다면, 지나친 과잉보호를 하고 있다면, 아이가 감당하기에는 어려운 과제를 자꾸 요구했다면, 아이와 엄마 사이에 정상적인 애착 관계가 형성되지 못할 수 있다.

아이는 일단 엄마와 안정적인 정서 관계를 형성해야 세상으로 눈을 돌린다. 마음이 편안해야 어른의 행동을 모방하고 새로운 환경을 적극적으로 탐색하며, 자신의 능력을 시험하고 성공하면서 발달하고 성장한다. 아이 스스로 의존성을 떨쳐내고 자율성을 가지게 하려면 먼저 엄마와 안정적인 정서 관계가 형성되어야 한다는 것을 잊지 말자.

아이의 자율성을 더하는 육아법

① 마음껏 탐색할 수 있게 허용한다

아이는 경험으로 세상의 이치를 깨닫는다. 무조건 "안 돼.", "하지 마."로 제한하기보다는 허용할 수 있는 범위에서는 마음껏 탐색할 수 있도록 허용해준다.

② 서툴더라도 지켜본다

아이가 어떤 과제를 서툴게 하더라도 그 모습을 느긋하게 지켜본다. 부모가 무조건 해주다 보면 좀 더 어려운 과제를 만났을 때 아이가 쉽게 포기한다.

③ 발달 과정에 맞는 과제를 준다

자율성을 키운다고 적응할 시간도 주지 않은 채 아이를 무조건 새로운 환경에 노출하거나 아이의 발달 상황에 맞지 않는 과제를 억지로 시키면 아이는 새로운 것을 두려워하게 된다. 그리고 자신을 '나는 무엇이든 잘 못 하는 아이'라고 인식, 새로운 일이 닥치면 엄마에게 의지하려 하고 자존감이 낮은 아이로 성장할 수 있으니 주의한다.

32
'왜?' 호기심

"아이의 궁금증에는 아이가 이해할 수 있는 수준의
간결하고 명확한 설명이 필요해요."

아이들은 크면서 자연스럽게 '누가, 어디서, 무엇을'을 배우고, 3세 이후에는 '언제, 왜, 어떻게'를 배운다. '왜?'라는 의문형은 육하원칙 가운데 '언제'와 함께 가장 나중에 발달하는데, 이것이 발달하면서 궁금증이 증폭되는 현상을 보인다.

아이들은 직접 탐색하고 행동하고 결과를 체험하는 과정을 통해 인지가 발달한다. 그러한 단계들이 기초를 이루고 나면 '왜?'를 반복하며 이유에 대해 질문하기 시작한다. 아이들이 이유를 궁금해하고 원인과 결과에 대해 추론하기 시작한다는 것은 인지 발달이 엄청난 속도로 이루어지고 있음을 의미한다.

정확한 답보다 막힘없는 대답이 중요하다

부모가 아이의 궁금증을 풀어주는 과정을 통해 아이는 사물과 자연에 대해 조금씩 알아간다. 따라서 아이가 궁금증을 가지고 질문할 때는 반드시 대답을 해줘야 한다. 대답은 아이가 이해할 수 있는 수준의 짧고 정확한 것이 좋은데, 무엇보다 답이 정확하지 않더라도 막힘없이 대답해주는 것이 중요하다. 아이는 궁금증을 풀기 위해 물어보기도 하지만 끊임없이 물어봄으로써 부모의 관심을 끌고자 하는 의도도 있기 때문이다.

대답은 아이의 수준에 맞춰 짧고 간결하게 설명하는데, 만 5세 이후부터는 아이 혼자서도 질문에 대한 답을 생각할 수 있는 여유 시간을 준 뒤 엄마는 보충 설명으로만 끝내는 것이 좋다. 이런 과정을 거쳐야 비로소 아이 스스로 질문에 대한 그럴듯한 이유를 생각해내는 능력이 발달하기 때문이다. 아이가 꼬리에 꼬리를 물며 '왜?'라고 물어도 부모는 귀찮아하지 말고 계속해서 대답해주는 것이 중요하다.

꼬리를 무는 '왜?' 질문에 현명하게 대처하기

아이의 '왜?'가 반복되면 부모는 금세 지친다. 궁금해서가 아닌 놀아달라는 의미로 '왜?'라는 질문을 반복한다면 이유를 먼저 답해준 뒤 반대로 아이에게 질문해본다. "밥을 왜 먹지?", "병원에 왜 가야 하지?", "아빠가 왜 안 오시지?" 등 아이가 대답할 만한 수준의 질문을 하면 답변을 해줘야 하는 부담감은 사라지고, 오히려 계속해서 아이의 대답을 들으며 놀이를 하게 된다.

한편 답을 하는 과정을 통해 아이의 상상력이 키워지기도 한다. 가끔 아이가 황당한 대답을 하더라도 부모는 그 대답을 지지해준다. 또한, 아이가 대답을 잘 못 했다고 해서 다그치거나 정답을 강요해서도 안 된다. 아이의 감정이 다치지 않는 선에서 대화가 이뤄지도록 한다.

① 아이의 눈높이에 맞게 설명한다

대답이 너무 어렵거나 쉬우면 아이는 질문에 대한 흥미를 잃는다.

만약 질문 내용이 어려워 아이가 답을 알아듣지 못할 때는 비유를 통해 아이가 알아들을 수 있게 해준다. 예를 들면 "해는 왜 져요?"라고 묻는다면 지구와 태양의 관계 등 과학적인 설명보다는 "밤이 되면 해님도 잠자러 가는 거야."라는 식의 대답이 훨씬 효과적이다.

② 최선을 다해 대답한다

부모가 자신의 질문을 귀찮아하고 대충대충 대답한다면 아이는 계속해서 질문하지 않는다. 이런 일은 부모에겐 편할지 몰라도 아이의 인지 발달에는 좋지 않다. 어떤 질문이라도 부모는 항상 최선을 다해 진실하게 대답해주어야 한다. 가령 "설날에는 떡국을 왜 먹어요?"라고 묻는다면 "원래 먹는 거야."보다는 "생일이 되면 축하를 하고 케이크를 먹듯이 새해가 되면 떡국을 먹으며 서로 축하해주는 거야."라고 설명한다.

③ 그 자리에서 대답한다

아이의 지적 만족감을 높이기 위해서는 질문을 받는 즉시 대답하는 것이 좋다. 아이가 질문한 지 한참이 지나서 대답을 해주면 아이는 질문 자체도 잊어버리고 듣고 싶은 의욕도 이미 꺾인 상태다. 만약 그 즉시 대답하기 어려운 질문을 받는다면 답을 찾아보고 얘기해준다고 약속하고, 그 약속을 꼭 지킨다.

④ 책을 찾아본다

어려운 질문을 하거나 아이의 질문에 더는 답을 해주기 힘들 때는 함께 책을 찾아보자고 한다. 아이의 궁금증에 대한 정확한 답을 찾을 수 있고, 아이는 엄마가 자신의 질문에 답을 해주기 위해 노력한다는 느낌을 받는다.

Plus Tip - 아이의 질문 의욕을 꺾는 부모의 행동

무시하기

한창 바쁠 때, 누군가와 대화하고 있을 때 아이의 질문 공세를 받아본 적이 있을 것이다. 이때의 질문은 궁금증보다는 '엄마, 나 좀 봐줘요.'라는 의미가 더 크다. 무시하기보다는 짧고 간단하게라도 대답하며 대화 상대가 되어주는 것이 좋다.

어렵게 대답하기

아이의 질문에 너무 과학적이고 원론적으로 접근해 답을 해주면 아이가 알아들을 수 없을뿐더러 질문할 의욕이 사라진다.

질책하기

밖에 나갔을 때 "저 아저씨는 왜 머리카락이 없어?", "저 아줌마는 왜 이렇게 뚱뚱해?" 등 민망한 질문을 한다고 해서 "왜 그런 걸 물어봐!"라며 꾸짖어서는 안 된다. 꾸중을 들은 아이는 자기가 왜 혼나는지 모를뿐더러 질문하는 것이 나쁘다는 생각을 가질 수 있다. 질문하는 자체를 나무라기보다는 남이 들었을 때 속상할 수 있는 질문은 큰 소리로 말하지 말고, 조금 참았다가 질문하는 것이 좋다고 얘기해줄 것.

머뭇거리기

아이의 질문에 머뭇거리거나 대충 얘기해주면 아이는 부모를 잘 모르는 사람이라고 생각하고 믿지 않게 된다. 엄마가 아는 만큼만 이야기해주거나 "너는 어떻게 생각하니?"라고 되묻는 등 아이의 질문을 자신 있게 받아주는 태도가 중요하다.

34
이기심

"이기심과 이타심이 함께 발달할 수 있도록
도와줄 필요가 있어요."

　이기심은 성장 과정에 나타나는 자연스러운 것이다. 너무 지나치다면 고쳐줘야 하지만, 어느 정도의 이기심은 인간의 본성으로 봐야 한다. 다만 이기심과 이타심이 함께 발달할 수 있도록 도와주는 것이 부모의 역할이다.

　이기심은 원초적으로 자기 보호 역할을 한다. 예를 들어 아이가 배가 고파서 울면 엄마가 젖을 물리거나 우유를 준다. 그런데 엄마의 몸이 아프다고 해서 아이가 배고픔을 참고 울지조차 않는다면 아이는 필요한 음식을 섭취하지 못해 결국에는 생존의 위협을 받는다. 이럴 때는 당연히 이기적일 수밖에 없다. 엄마의 아픈 몸보다는 자신에게 필요한 영양분 섭취를 더 중요하게 생각한다. 특히 아이들은 대개 자신의 욕구와 관련된 본능적인 이기심을 보이는 경우가 많다.

① 생후 0~12개월 : 본능적인 이기심의 시기

이 시기의 아이들은 욕구와 본능에 충실하게 행동한다. 아이는 생존에 필요한 음식과 수면에 대해 이기적일 수밖에 없다. 그래야 살 수 있기 때문이다. 부모 또한 아이의 욕구 충족을 제일 중요하게 생각하는 시기다. 이 시기의 아이 행동을 보며 이기적이라고 말하는 사람은 없다. 따라서 아이의 행동을 특별히 제한할 필요는 없다.

② 12~24개월 : 이 세상의 중심은 나

이 시기의 이기심은 세상의 중심은 자기라고 생각하는 것이다. 즉, 다른 사람들의 욕구나 의도를 잘 알아차리지 못하거나 중요하게 여기지 않고, 오로지 자신의 욕구와 의도만을 중요하게 생각한다. 또한, 이런 자신의 욕구나 의도를 부모가 당연히 받아줄 것이라고 기대한다.

하지만 이때 아이의 욕구가 잘못된 행동으로 표현되기도 한다. 예를 들면 장난감을 갖고 싶다고 친구의 장난감을 빼앗는 행동을 보일 수 있다. 이와 같은 행동은 제재하고 훈육도 해야 한다. 즉, 공격적인 행동이나 위험한 행동에 대해서는 제재를 가하는 게 맞다.

③ 24~36개월 : 이타심이 생기는 시기

이 무렵 아이들에게는 이기심과 더불어 이타심이 생긴다. 즉, 아이가 다른 사람과 공유하고, 다른 사람에게 무엇인가를 줄 수 있으며, 다른 사람의 감정에 공감한다. 하지만 아직은 자신의 욕구 충족이 먼저 이루어진 다음에야 가능하다. 대개 자신이 먼저 음식을 먹은 다음에 다른 사람에게 음식을 건네곤 한다.

하지만 개인차가 있어 어떤 아이는 이타심이 생길 나이가 되었음에도 도통 다른 사람에게 나눠줄 줄 모르기도 한다. 이때 부모는 아이의 행동을 나무라기보다 바람직한 행동, 즉 남을 배려하고 위하는 행동을 서서히 가르쳐주는 식으로 접근해야 한다. 특히 부모가 바람직한 모범 행동을 보이는 것이 중요한 시기다.

④ 36개월~5세 : 이유를 따지기 시작한다

이 시기의 아이들은 나름 논리적으로 이유를 따지기 시작한다. 자신이 이기적으로 행동하는 것이 좋은지 아니면 이타적으로 행동하는 것이 더 좋은지 생각한다. 하지만 결과는 모두 자신을 위한 행동으로 아직은 자기중심적 사고에서 완전히 벗어나지는 못하는 시기이기도 하다. 다른 사람을 더 중요하게 여기는 마음과 행동은 적어도 만 7세 이후가 되어야 가능하다.

다시 말해 이 시기의 아이들은 이타적으로 행동한 다음에 이어지는 칭찬과 상을 받기 위해 이기적인 마음을 억누르고 다른 사람을 위한 행동을 한다. 행동 자체는 이타적이지만 결국 칭찬과 보상을 받기 위해서라는 점에서 아직 이기적인 모습을 보인다고 할 수 있다.

그렇다고 해서 아이의 이타적인 행동에 칭찬하지 말라는 것은 아니다. 오히려 칭찬 등의 보상이 동기가 되어 아이가 선행을 계속하도록 독려해야 한다. 반복되는 선행을 통해 아이는 점차 '이기적인 행동보다 이타적인 행동이 때로는 더 나을 수 있다'라는 인식을 해 이기심과 이타심을 적절한 비율로 섞어가며 심리적 발달을 이뤄나가게 된다.

35
자위행위

"어떤 욕구가 충족되지 못할 때 나타나는 행동으로
부모의 적절한 대응이 필요해요."

아이는 놀이를 통해 배운다. 여러 가지 놀잇거리 중 하나가 바로 자신의 신체인데, 자신의 몸을 여기저기 만져보면서 신체에 대해 바로 인식하고 이 과정을 통해 지각능력도 발달한다. 성기는 흔히 기저귀를 가는 과정에서 만진다. 처음에는 자신의 신체 일부분에 대한 호기심으로 만지기 시작하다 점차 감각적인 즐거움으로 만지게 된다. 또 아주 꽉 조이는 옷을 입었을 때나 우연히 성기가 어딘가에 부딪혀 자극을 받았을 때, 그때 느낀 쾌감을 기억해 의도적으로 만지기도 한다.

이러한 아이의 행위는 성장 과정에 흔히 나타나는 자연스러운 현상이다. 문제는 어떤 욕구가 충족되지 않을 때 이러한 행동이 좀 더 자주 나타나고, 자칫 지나치게 집착하는 경향을 보이기도 하므로 적절한 대처 방법이 필요하다. 아이가 습관적으로 성기를 만지는 이유는 크게 심심하거나 불안정한 상태일 때로 나뉜다.

자위행위는 성장 과정에 나타나는 자연스러운 현상

대부분 부모는 아이가 성기를 만지는 모습을 볼 때마다 무조건 못하게 하거나 야단을 치는데 이는 올바른 대처법이 아니다. 아직 어린아이긴 하지만 아이도 수치심을 느낄 수 있기 때문이다. 만약 아이가 반복적으로 이런 행동을 한다면 손을 이용한 다른 놀이를 찾거나 에너지가 큰 놀이를 함께해주며 즐거움을 다른 데서 찾도록 한다.

36개월 이전 아이는 자위행위를 하지 말아야 하는 이유를 아무리 설명해도 이해하지 못한다. 그래도 자위행위를 할 때마다 옳지 않은 행동이라는 것을 알려줘서 하면 안 된다는 것 정도는 알게끔 해야 한다. 36개월이 지나면 이해력도 높아지므로 그때부터는 자위행위를 하지 말아야 하는 이유를 정확하게 설명한다. 남녀 모두 기본적인 내용은 차이가 없다. 신체에 관해 얘기하면서 우리 몸에는 아기씨를 받는 곳과 아기씨를 주는 곳이 있다는 걸 알려주고, 더불어 그곳은 타인이 손을 대서는 안 되고, 타인 앞에서 옷을 벗어 그곳을 보여줘서도 안 된다고 설명해주면 된다.

그러나 유아의 자위행위는 성장 과정에서 보이는 일시적인 행동이므로 크게 성적인 의미를 둘 필요는 없다. 부모가 눈치채지 못하고 지나가면 5세 전후로 사회성 발달과 함께 자연스럽게 없어진다. 혼자서 노는 시간을 가능한 한 줄이고 또래 친구들과의 놀이 시간을 늘려주는 것도 이 시기를 잘 넘기는 방법이다.

나이에 따라 부모의 대처법 역시 달라야 한다

① 생후 6~12개월

빠르면 생후 6개월부터 자위행위와 비슷한 행동을 한다. 자신의 성기를 장난감처럼 만지고 노는 행동을 보일 수 있는데, 이는 손가락이나 발가락을 빨고 노는 것과 비슷하므로 무조건 야단치는 것은 그리 바람직하지 않다. 성교육 기초를 다지는 시기라 생각하고 스킨십을 통해 부모의 사랑을 확실하게 전달하면서 자신이 사랑받는 소중한 존재란 느낌을 받을 수 있도록 한다.

② 12~24개월

심심하거나 뭔가 불안해서 성기를 만질 수 있다. 만약 아이가 이런 행동을 반복적으로 한다면 부드러운 목소리로 하지 말라고 말하며, 최대한 자연스럽게 손으로 할 수 있는 다른 놀이로 관심을 돌리도록 한다.

③ 만 2~3세

성기에 관심이 커지는 시기다. 아이 스스로 자신의 성별을 인식하고 자위행위 역시 본격적으로 나타날 수 있다. 가족이나 주변 사람의 성에 관해서도 관심이 커져 신체의 차이에 대한 호기심을 보이고 성 관련 질문을 하기도 한다. 아이가 관심을 보일 때 알려주는 것이 가장 교육 효과가 크므로 성교육의 시작이라 생각하고, 아이가 이런 질문을 하면 최대한 자연스럽게 듣고 적절히 대답한다.

남자와 여자의 신체 차이를 표현할 때도 고추가 있고 없고보다는, 남자는 음경이 있고 여자는 아기의 방이 있으며 참 소중한 곳이라고 정확히 설명해주는 것이 좋다. 남녀 신체에 관한 내용이 담긴 그림책 등을 이용해 남자와 여자, 아이와 어른의 신체적 차이점과 신체의 소중함을 알려주는 것도 좋은 방법이다.

Plus Tip - 성기소양증

● ●

아이가 성기를 자꾸 만진다고 모두 자위행위는 아니다. 간혹 아이의 성기에
염증이 생기는 등 피부 질환으로 인해 가려워서 계속 긁는 예도 있다. 이
렇게 성기에 생기는 가려움증을 '성기소양증' 이라고 한다. 성기소양증의
원인은 다양한데 스트레스로 인한 피부 질환 또는 아토피 증상일 수도 있
다. 아이가 성기를 계속 만진다면 목욕시킬 때 성기를 살피고 가려움증을
일으킬 원인이 있다면 소아청소년과를 찾는다.

36
자해 행동

*"아이의 행동 중 '그냥'은 없어요.
표현하고자 하는 '뭔가'가 있는 것입니다."*

언어 능력이 부족한 아이들은 자신의 화나 좌절감 등을 말로 표현하기가 어려워 자해 행동으로 이를 대신 표현한다. 즉, 자해 행동을 통해 자신의 부정적인 감정을 부모에게 전달하고자 하는 것이다. 이러한 자해 행동은 발달 과정 중에 종종 보이기도 하고 없어지기도 하지만, 아이의 욕구가 제대로 충족되지 않으면 이 행동을 멈추기까지 많은 시간이 걸릴 수 있다.

자해 행동은 보통 만 1세부터 보이기 시작해 3~4세에 가장 두드러지는 문제 행동 중 하나로 꼽는다. 유아동기의 자해 행동은 벽에 머리를 부딪치는 것이 가장 일반적이고, 머리카락을 잡아 뜯거나 자신의 손바닥으로 자신의 얼굴과 머리 등을 때리기도 한다. 이러한 행동은 24개월까지 계속되다가 언어 이해력이 생기고 말을 하기 시작하면서 조금씩 줄어든다. 아이들이 자해 행동을 하는 이유는 크게 4가지로 나눌 수 있다.

① 언어로 표현하지 못해서

언어 능력이 충분히 발달하지 못한 아이들은 화나는 이유를 말로 표현할 수 없어 머리를 박는 행동으로 대신 표출한다. 이는 자신의 화난 감정을 자해라는 수단을 통해서 상대방, 특히 엄마에게 보여주려는 것이다.

② 화를 참지 못해서

어른 중에도 심한 화를 못 이겨 주먹으로 벽을 치고 물건을 던지는 사람들이 있다. 이와 비슷한 맥락으로 아이도 화를 참지 못해 자신의 몸을 때리고 머리카락을 쥐어뜯는 등 자해 행동으로 자신의 감정을 표현하는 것이다.

③ 엄마의 관심을 끌기 위해

엄마와 함께할 수 있는 시간이 적거나 형제자매가 많아 관심을 독차지하지 못할 때, 자신에게만 집중하지 않는 엄마의 관심을 끌기 위한 행동 중 하나로 자해를 선택하기도 한다.

④ 자신을 안정시키기 위해

아이는 마음을 안정시키고 긴장을 이완하려는 방법으로 머리를 박거나 머리카락을 뜯는 등의 자해를 하기도 한다.

아이와 엄마의 긍정적인 관계 변화가 급선무

아이가 자해 행동을 보이면 엄마는 일단 아이의 행동을 무시한다. 아이가 이런 행동을 보일 때 오히려 엄마가 아이의 눈앞에서 사라지는 것이 아이의 행동을 가장 빨리 멈추게 하는 방법이다. 많은 엄마가 자해 행동으로 인해 혹여나 아이 몸이라도 다칠까 봐 즉시 반응을 보이는데, 대부분 아이는 스스로 다치지 않을 만큼 알아서 수위를 조절한다. 아이가 심각한 상처를 입거나 다치는 일이 드문 만큼 너무 걱정하지 않아도 된다.

만약 아이가 심각한 자해 행동을 보이면 다치지 않게 제압한 후 던지면 깨지거나 다칠 수 있는 주변의 물건들을 재빨리 치운다. 그리고 "너는 다치거나 함부로 다루면 안 되는 소중한 존재야."라는 말을 하며 아이의 몸이 얼마나 소중한 것인지 알려준다. 아이가 자해 행동을 멈추고 시간이 좀 지나서 진정되면 왜 그러한 행동을 했는지 원인을 알아보고 아이의 힘들어하는 마음에 공감해주는 것이 필요하다. 그런 후 엄마가 아이를 얼마나 사랑하는지 표현한다. "수민이 스스로 자신의 몸을 아프게 할 때 엄마가 아주 속상해."라고 엄마의 마음을 표현하면서 아이가 불안한 마음을 갖지 않게 해준다.

엄마들이 가장 많이 하는 실수는 모든 상황이 끝난 뒤 "금방 풀릴 거면서 뭘 그렇게 화를 내니?" 식으로 창피를 주는 말을 하는데, 가라앉는 화에 불을 지필 수 있으니 이런 말은 될 수 있는 대로 하지 않는 게 좋다. 무엇보다 중요한 것은 아이와 엄마의 관계를 보다 긍정적으로 변화시키는 일이다. 일방적인 것이 아닌 부모와 함께할 수 있는 놀이나 야외활동을 마련해 즐거운 추억을 만드는 것도 자해 행동을 멈추게 하는 좋은 해결책이다.

144

Plus Tip - *어린이집에서는 말 잘 듣고 착한 아이라고 하는데*

집에만 오면 말썽꾸러기가 되는 아이

● ●

어른과 마찬가지로 아이도 집에 있을 때 가장 편안하고 안전하다고 느낀다. 그래서 집에서는 유독 통제되지 않는 행동을 하는 것이다. 부모에게 교육을 잘 받은 아이는 부모의 훈육 내용대로 생활하기 위해 어린이집이나 유치원 등에서 모범 아동으로 잘 지내는 경우가 많다. 어린이집에서 착한 아이라는 평가를 받는다면 훈육을 아주 잘 받았다는 증거다.

하지만 집과 밖에서 보이는 아이의 행동 간극이 너무 크다면 부모가 살펴야 할 것이 있다. 밖에서는 아주 바른 아이인데 집에서는 지독한 말썽꾸러기가 된다는 것은 밖에서 너무 억제된 생활을 하고 있다는 증거일 수도 있기 때문이다. 부모가 밖에서 과도하게 아이의 행동을 억제한다면, 밖에서 내내 억누르고 있던 아이의 감정이 집에 와서 표출되고 그 정도가 부모가 감당하기 어려운 수준에까지 이를 수 있다.

부모가 밖에서 아이의 행동을 너무 억제하는 건 아닌지 살펴보자. 한창 자율성이 발달하는 이 시기에는 아이의 정서를 위해서도 남에게 피해가 되지 않는 선에서 자율적으로 행동하도록 허용할 필요가 있다.

37
제지의 허용 범위

———

"규칙과 원칙 없는 제지의 남발은
아이에게 스트레스만 안겨줄 뿐입니다."

아이가 사회 규범에 벗어나는 행동이나 위험한 행동을 하려 할 때 부모는 "하지 마.", "안 돼."와 같은 제지의 표현을 쓴다. 그러나 아이가 그 행동을 왜 하지 말아야 하는지 이해할 수 있게 아이에게 설명해준 적이 있는지 한 번쯤 생각해볼 필요가 있다.

"하지 마.", "안 돼."와 같은 부정적인 말에 부모의 화나 짜증이 섞이면 아이는 그 말에서 불안을 느끼고 스트레스를 받는다. 이유는 몰라도 하는 행동마다 부정적인 말이 돌아오니 자존감이 떨어지는 것은 당연하다. 이런 상황이 반복되면 아이는 자연히 소심해지고, 긴 시간 같은 상황이 반복되면 아이의 사회성 발달에도 악영향을 끼칠 수 있다. 그렇다면 아이의 위험한 행동 앞에서 부모는 어떻게 대응해야 할까?

먼저 심하게 소리를 지르거나 혼내는 것은 절대 피한다. 어른들 사이에도 고성이 오가면 오해도 생기고 마음이 상하게 마련. 아이에게 안 된다고 할 때는 최대한 담담한 어조로 말하고, 무엇이 잘못되었는지 설명한다. 그리고 비슷한 상황이 벌어졌을 때 최대한 아이에게 일관된 반응을 보이는 것이 중요하다. 어떤 때는 격하게 제지하다가 또 어떤 때는 같은 행동을 했는데도 웃어넘긴다면 아이에게 부모의 권위와 신뢰를 기대하기는 어렵다.

같은 잘못을 계속해서 반복하는 아이라면 미리 벌칙을 정해두는 것도 방법이다. 가령 "다음에 또 이번과 같은 위험한 장난을 치면 네가 좋아하는 장난감을 없앨 거야." 식이다. 아이에게는 그 방법이 어떤 협박과 회유보다도 크게 작용한다.

위험한 행동을 할 때는 이렇게 대처하라

| CASE 1 | 아이가 놀이기구에서 위험하게 놀 때

갑자기 소리를 빽 지르면 그게 어떤 말이든 아이는 놀란다. 아이가 위험한 행동을 할 때는 조용히 지켜보다가 그렇게 놀면 왜 위험한지 설명하고, 직접 아이에게 안전하게 노는 방법을 보여준다.

| CASE 2 | 길거리에서 무작정 뛸 때

뛰는 아이를 따라가 손을 잡은 뒤 뛰면 누군가와 부딪쳐 넘어지게 돼 다친다는 것을 설명한다. 또 혼자 뛰어가다가 사람 많은 곳에서 길을 잃어버리면 엄마, 아빠를 못 볼 수도 있다는 이야기도 더한다.

| CASE 3 | 높은 곳에 올라가거나 뛰어내릴 때

일단 아이를 바닥으로 내린 후 이 행동이 얼마나 위험한지 말로 설명한다. 이때 약간의 연기를 추가하면 좋다. 아이가 뛰어내리려는 곳에서 부모가 직접 뛰어내린 후 "아, 다리를 다쳤나 봐. 너무 아프네.

시후도 엄마처럼 다치면 많이 아프니까 뛰지 마. 알았지?"라는 식으로 설명한다.

| CASE 4 | 전기 콘센트와 같은 위험한 물건에 관심을 보일 때

일단 위험한 물건은 아이 눈앞에서 치우는 게 상책이다. 만약 그러지 못했다면 우선 빼앗은 다음 감전되거나 사고를 당해 다치는 그림 카드를 보여주거나, 아이의 살을 살짝 꼬집은 뒤 "여기에 손이 닿으면 감전되는데 이거보다 훨씬 더 많이 아파."라고 설명해준다. 다른 위험한 물건도 용도를 설명한 후 아픈 상황을 재연한다.

| CASE 5 | 장난감을 가지고 거칠게 놀 때

장난감이 왜 위험한지 설명한 뒤 장난감의 용도를 정확히 보여준다. 그리고 장난감을 가지고 놀기에 앞서 얼굴 때리지 않기, 급소 때리지 않기 등의 규칙을 정한다.

38
존댓말

——

"존댓말을 사용하는 것 자체가
뇌 발달에 중요한 역할을 합니다."

말은 그 사람의 인격이라고도 한다. 특히 존댓말이 있는 우리말의 경우 적절하게 사용하는지가 그 사람의 인격과 직결되어 인성과 사회성의 관건이 되기도 한다. 존댓말을 상하 관계의 기준에서 생각하고 상하, 수직을 가르는 말이라고 생각하는 사람이 있는데 이는 틀린 생각이다.

존댓말은 상하를 가르는 말이 아니라 나이와 지위 고하와 상관없이 상대를 존중하고 인격적으로 대하는 말로, 배려의 언어이기도 하다. 존댓말은 듣는 사람을 고려하는 말이기 때문에 자기중심적인 사고를 하는 유아에게는 일찍부터 타인 조망 능력을 길러줄 수 있다.

존댓말은 전두엽을 발달시킨다

옷을 입을 때 T.P.O를 고려하라는 말을 자주 한다. 그런데 말에도 T.P.O가 있다. '언제, 어디서, 무엇을, 어떻게 말할 것인가'가 바로 말의 T.P.O다. 지금이 어떤 상황인지, 이런 상황에서는 어떤 말을 어떻게 표현하는 것이 좋을지를 생각하며 말하는 게 바로 존댓말로, 적절한 존댓말을 사용하기 위해서는 전두엽 기능이 발달해야 한다.

또한 '어른이라면? 선생님이라면? 또는 나보다 어린 사람일지라도 어떻게 말해야 기분 좋게 하고 상황에 알맞을까' 생각하고 판단해서 말해야 하는데, 이때 쓰이는 기능은 뇌의 초인지 기능과 관련되어 있다. 단순히 사회적인 관계에만 영향을 끼치는 것이 아니라 존댓말을 사용하는 것 자체가 전두엽을 발달시키는, 뇌 발달에 중요한 역할을 하는 것이다.

자기 의사를 표현하기 시작할 때가 교육의 적기

학교에서 문법으로 접한다면 존댓말은 배우기 어려운 말일 수 있다. 그러나 영유아기 때부터 가정에서 부모와 자연스레 존댓말을 접한 아이들은 어렵지 않게 배울 수 있는 것이 존댓말이기도 하다. 아이의 말문이 트이고 자기 의사를 제법 표현하기 시작할 때가 바로 존댓말 교육의 적기다. 아이가 말귀를 알아듣고 그 의미를 알며 모방할 수 있을 때부터 시작하는 것이 좋다.

그런데 존댓말은 단순히 언어를 모방하며 배우는 말 이상의 의미가 있어 처음부터 제대로 된 존댓말을 가르치는 것이 중요하다. 특히 부모가 어투, 어조 등을 존댓말과 부합하게 사용해야 아이들이 바른 존댓말을 배울 수 있다.

① 상황 속에서 자연스럽게 사용하며 배우게 하는 것이 가장 좋다

② 부부가 서로 존댓말을 사용해 아이의 본보기가 되어준다

③ 문법적 오류가 있더라도 잘못을 지적하지 않고 에코익(echoic)으로 반응한다

→ 가령 아이가 "선생님, 이거 아빠가 줬다요."라고 한다면, "아빠가 주셨어요."라고 올바른 에코익 반응을 해준다. 말끝에 '요'를 붙이는 것은 존댓말을 처음 배우는 아이들이 흔히 범하는 오류다.

④ 존댓말은 좋은 말, 존중하는 말, 기분 좋은 말이라는 인식을 심어준다

→ 아이가 "엄마, 밥 줘!"라고 한다면 "우리 지원이 밥 줄까요?"라고 부드럽게 존댓말로 피드백한다.

⑤ 반말을 지적하지 말고 존댓말로 다시 말하게 유도한다

→ 아이가 "할머니, 밥 먹어"라고 한다면 "할머니 밥 먹어가 뭐야"라고 지적하지 말고 "'할머니, 식사하세요'라고 다시 말씀드려볼까?"라며 아이가 존댓말을 쓸 수 있는 부드러운 분위기를 만들어준다.

⑥ 평소 부모가 다양하게 존댓말을 사용해 존댓말의 유창함과 다양성을 살린다

→ "'아빠 식사하세요'라고 말씀드릴까?" 또는 "아빠께 식사하시라고 말씀드릴까?"와 같이 평소에 같은 뜻이라도 다양하게 존댓말 표현을 사용하면 아이가 어렵지 않게 다양한 존댓말 표현을 익히게 된다.

아이를 망치는 존댓말도 있다

부모가 아이에게 존댓말을 사용한다고 해서 존댓말 교육이 완성되는 것은 아니다. 사용하지 않아야 할 표현이나 잘못된 상황에서 부적절한 존댓말을 사용하면 아이에게 잘못된 존댓말을 가르치는 꼴이다.

① 존댓말 형식을 빌려 지적하거나 비아냥거리지 않는다

→ 아이가 실수했을 때 "아주 많이 잘하셨네, 잘하셨어."라거나 아이의 잘못을 지적하며 비난의 어투로 "엄마가 그렇게 하지 말라고 했죠?"라고 하는 것은 올바른 존댓말이 아니다.

② 혼내는 상황에서만 존댓말을 사용하지 않는다

→ 훈육할 때 부모의 감정 조절을 위해 일부러 존댓말을 사용하는 경우가 있는데, 자칫 유아에게 '존댓말 = 혼나는 말'이라는 공식이 생길 수 있다. 그러면 존댓말에 대한 부정적인 생각을 할 수 있으므로 평소에 반말을 쓰다가 혼낼 때만 존댓말을 사용하는 것은 바람직하지 않다.

39
좌절감
***

"적절한 좌절을 경험하되 아이 스스로 헤어날 수 있도록
용기를 북돋워 주세요"

　'적당한 좌절'이란 아이가 부정적인 감정에서 헤어날 수 있고, 다시 도전할 수 있는 정도의 좌절을 말한다. 좌절을 전혀 경험하지 못한 아이는 성장하는 동안 불가피하게 만나는 좌절 상황에서 극단적인 무기력감에 빠질 수 있다. 아이는 좌절감을 경험함으로써 실패에 대한 내성을 키워나가고, 자신의 행동에 대한 한계를 스스로 설정하게 만드는 능력을 얻는다.

　그렇다고 해서 어린 나이에 너무 과한 좌절감을 경험하는 것은 좋지 않다. 너무 큰 좌절은 아이가 '나는 어떤 일도 제대로 못 해'라는 생각을 하게 하고, 나아가 자아 존중감을 잃게 만든다. 자신감이 떨어지고 새로운 일에 도전하지 못하며, 자기 비하로 이어져 원만한 성격이 형성되지 않을 수 있고, 대인 관계에 부정적인 영향을 미칠 수 있다. 또 만성적인 자기 비하는 우울증으로도 이어질 수 있다. 따라서 부모는 아이가 적당한 좌절감을 경험하되 스스로 헤어날 수 있도록 격려하고 용기를 북돋워 줘야 한다.

아이가 좌절을 느껴 의기소침해 있다면 부모는 아이를 위로하면서 누구나 다 좌절을 겪는다는 것을 알려준다. 또한, 시간이 지나거나 조금 더 크면 잘하게 될 거라는 긍정적인 예측을 해주어 아이가 극단적인 좌절감에 빠지지 않게 도와준다. 중요한 것은 실패 자체가 아니라 실패해도 다시 일어나 도전할 수 있는 용기라는 점을 강조한다.

| STEP 1 | 블록을 만드는 데 원하는 모양이 나오지 않는다며 징징거리면서도 계속해서 만들어보려고 노력할 때

수행을 지속하는 능력, 즉 집중력이 높은 아이이고 아울러 뚝심 있는 아이라 할 수 있다. 다만 그 과정에서의 감정 조절 능력이 다소 아쉬울 뿐이다. 따라서 엄마는 아이에게 칭찬과 진정시키기를 병행하는 것이 좋다. "우리 수희가 포기하지 않고 끝까지 계속하니까 참 좋다."라고 칭찬해주면서 "하지만 그렇게 계속 징징대면 오히려 더 잘 안 될 것 같아. 마음을 차분하게 가지고 하면 더 잘될 것 같은데…"라고 격려해준다.

| STEP 2 | 징징거리면서 엄마에게 도움을 요청할 때

이때는 아이가 엄마에게 직접 도움을 청하는 것이므로 엄마는 아이의 요청에 즉시 응해주어야 한다. 다만 엄마 혼자서 결과물을 완성하는 것이 아니라 중간에 아이의 참여를 유도하고, 아이가 자신감을 얻으면 다시 혼자서 할 수 있게 해준다. 그러다가 또 징징대면서 도움을 청하면 역시 응해주되 최종 결과물은 아이가 완성한 것처럼 느끼게끔 해준다. 이 과정에서 엄마는 아이가 징징거리며 도움을 요청하기보다는 차분하고 정확하게 말로 도움을 요청하게끔 지도한다. 좌절 반응도 줄이고 올바르게 도움을 요청하는 방법도 가르쳐줄 수 있다.

| STEP 3 | 더는 장난감을 가지고 놀지 않으며 발을 구르거나 소리를 지르는 등 심하게 짜증을 낼 때

아이는 지금 자신의 부정적인 감정을 비사회적인 방법으로 표출하고 있다. 일단 아이의 속상한 마음을 읽어주는 것이 무엇보다 중요하다. "우리 수희가 이게 잘 안 되어서 화가 나고 속상하구나. 엄마가 네 마음 이해해." 그런 다음 올바른 대체 행동을 가르쳐준다. "하지만 발을 구르거나 소리를 지르는 것은 좋지 않아. 속상하면 '엄마 저 속상해요'라고 말로 해봐."라고 알려준다. 마지막으로 다른 놀이를 제안하는 등 아이의 기분을 풀어주기 위해 노력한다.

| STEP 4 | 결과물이 만족스럽지 못한 장난감을 던지며 짜증을 낼 때

이 역시 자신의 부정적인 감정을 공격적인 행동으로 드러내고 있다. 아이의 속상한 마음을 읽어주면서 공격적인 부분은 지적하도록 한다. 아이가 물건을 던지거나 부수는 등 공격적인 행동을 한다면 공감보다 공격적 행동에 대한 훈육이 먼저 이뤄져야 한다. "수희야, 장난감은 던지면 안 돼, 그것은 나쁜 행동이야."라고 먼저 말한 다음, "네가 굉장히 속상했구나. 그래도 물건을 던지는 것은 잘못이야. 화가 났다고 말로 해야지."라고 부드럽게 말해준다. 어떠한 이유로든 폭력적인 행동은 용납되지 않는다는 것을 아이에게 일깨워주어야 한다. 마지막으로 다른 놀이를 제안하며 아이의 기분을 풀어준다. 아이의 짜증이 풀어진 다음이라면 "네가 던진 장난감을 다시 주워 와서 제자리에 갖다 놓자."라고 일러준다.

40
집중력

"오감을 활용한 놀이는 우뇌 계발과
집중력을 높이는 데 아주 효과적입니다."

아이가 제대로 집중하지 못하고 너무하다 싶을 정도의 산만한 행동을 하면 부모는 ADHD(주의력결핍 및 과잉행동장애)를 의심한다. 물론 그럴 수도 있지만, 대부분 아이는 어른들보다 정서적인 부분이나 인지능력이 떨어져 산만해 보이는 것일 뿐 지극히 정상인 경우가 많다. 그렇다면 '그러려니' 하고 산만한 아이를 그냥 두고 봐야 하는 걸까? 즉각적이고 극적인 효과가 나타나지는 않겠지만 조금씩 아이의 집중력을 높이며 산만함을 잠재울 방법은 있다.

인간의 뇌는 출생 후 우뇌가 먼저 발달해 생후 6년간 활발히 발달하다가 6세 이후부터는 급격히 그 기능이 떨어진다. 그래서 만 6세 이전 아이들은 우뇌를 중심으로 사고하고, 이렇게 발달한 우뇌는 앞으로의 두뇌 발달에 큰 영향을 미친다. 이 우뇌를 발달시키는 데 중요한 역할을 하는 것이 바로 아이의 오감을 활용한 놀이다. 그리고 이 활동을 통해 우뇌 계발은 물론 집중력도 높아지는 효과를 볼 수 있다.

오감 활용 놀이는 집중력 발달에 도움이 된다

오감을 활용한 놀이라고 하면 흔히 도구를 활용해야 한다고 생각하는데 꼭 그렇지만은 않다. 아이와 함께 하는 모든 활동에 아이가 오감을 활용하도록 유도하면 된다. 그림책을 읽어주는 상황을 가정해보자. 아이에게 그림책을 읽어주면서 최대한 상상할 수 있도록 도와준다. 책에 나오는 사물을 관찰하면서 무슨 느낌인지, 무슨 냄새가 나는지, 모양이 어떤지 등의 얘기를 나누면 아이가 오감을 통해 감각적으로 사물을 인지하기 때문에 상상 속에서 촉각, 후각까지 경험할 수 있다.

특히 아이는 청각에 민감하므로 음악을 활용하는 것도 좋다. 이때는 클래식 음악이 도움이 되는데, 그냥 듣고 마는 것이 아니라 아이와 함께 그 음악의 스토리를 만든다. 가령 생상스의 〈동물의 사육제〉 중 '백조'를 듣는다면 호수 위에 유유히 떠다니는 백조의 모습을 음악으로 표현한 것이라는 설명과 함께 무엇이 떠오르는지, 함께 그림으로 표현해 보자던지 하는 식으로 아이가 오감을 모두 이용해 들을 수 있도록 유도한다.

일반적으로 아이들이 한 가지 활동에 집중할 수 있는 시간은 15분밖에 안 되기 때문에 이 점을 이용해 20분 독서법으로 책 읽기를 시도해보는 것도 도움이 된다. 시간이 짧게 느껴져도 시간을 늘리려고 하지 말고 1시간에 15~20분만 집중하도록 연습하면 조금씩 집중력을 늘릴 수 있다.

만약 오감 놀이를 싫어하는 아이라면?

손으로 하는 놀이는 아이의 두뇌 계발에 도움이 되므로 부모가 많이 권하는 놀이 중 하나다. 그런데 이 오감 놀이를 싫어하는 아이들이 꽤 있다. 촉감 자체를 싫어할 뿐 아니라 관념적으로 '더럽다'고 생각하기 때문이다.

이런 경우 이 놀이가 결코 무섭거나, 더럽거나, 혹은 아이를 해치는 것이 아니라고 설명해주며 아이를 안심시키는 작업이 필요하다. 충분한 설명 후 부모가 먼저 시범을 보이며 아이에게 한 말이 사실이라는 것을 보여준다. 아이 앞에서 즐겁게 비누 거품이나 밀가루 반죽을 만지고 다른 아이들이 즐기는 모습을 먼저 보게끔 하면 아이는 자신의 염려와는 달리 이 활동을 해도 아무런 일이 생기지 않는다는 사실에 안심한다. 또 처음에 느꼈던 불쾌하거나 이상한 감촉이 점차 사라지는 경험을 하면서 자연스레 적응한다.

그러나 이러한 과정에서 아이가 심하게 거부하거나 울음을 터트리는 등 힘들어하는 반응을 보인다면 강요하지 않는다. 무엇이든 아이 스스로 하고 싶은 마음이 들게끔 유도하는 것이 가장 중요하다. '억지로' 하면 결과가 좋지 않다는 사실을 늘 기억한다.

Plus Tip - *책에 집중하지 못하는 아이라면?*

아이의 집중력은 아이의 흥미와 비례한다. 일단 아이가 좋아할 만한 책을 선택하는 것이 아이를 잡아둘 방법이다. 유아의 경우 작가의 의도와 그림이 잘 맞아떨어지는지, 언어 선택이 적합한지, 글과 글 사이의 간격과 글씨 크기가 적당한지 등을 고려해 책을 선택한다. 판단이 잘 서지 않는다면 집에 있는 책 중 아이가 좋아하는 책을 기준으로 삼아 선택하면 된다.

아이가 비슷한 종류의 책이나 한 분야의 책만 읽겠다고 고집을 부리는 경우가 있는데, 이럴 때는 아이가 좋아하는 책과 비슷한 소재의 책을 몇 권 준비한다. 그런 다음 아이 앞에서 이 책들을 쭉 늘어놓고 서로의 책을 비교하면서 이야기를 주고받으면 아이는 항상 보던 책 외에 다른 책에도 관심을 가진다. 이런 식으로 보는 책의 종류를 늘여간다.

이때 가장 중요한 것은 아이와 책을 읽고 난 뒤 꼭 책의 내용을 바탕으로 대화를 하는 것이다. "승우가 이 책의 주인공으로 태어났으면 어떻게 했을 것 같아?", "만약 엄마였다면 이렇게 했을 것 같아." 등의 대화를 나누면 아이는 책을 읽고 난 후 항상 이어지는 이 활동을 위해 책에 좀 더 집중하는 모습을 보일 것이다.

41
짜증

"아이의 짜증에는 감정적 대응보다는
이유가 무엇인지 알아보려는 자세가 중요해요."

 엄마가 보기에는 도대체 왜 그러는지 이유를 알 수 없는 짜증이지만, 아이 처지에서는 이유가 있고 그럴 만해서 짜증을 내는 것이다. 아이가 어떤 행동을 할 때는 설사 그것이 옳지 않은 행동이라도 나름의 이유가 있다. 따라서 아이의 짜증에 감정적으로 대응하기보다는 이유가 무엇인지 알아보려는 부모의 자세가 중요하다.

 짜증 내지 않는 아이로 키우고 싶다면 먼저 아이의 반응 변화를 세심하게 살피는 부모가 되어야 한다. 환경 변화나 심리적 변화를 민감하게 살펴 아이가 표현하기 전에 감정을 공감해주고, 환경 변화에 대해 아이가 이해할 수 있도록 설명하거나 적응할 수 있도록 도와주어야 한다. 또한, 언어나 인지 발달이 늦어도 짜증이 늘 수 있다. 언어 발달이 늦으면 또래나 부모와 소통이 안 되고, 여러 상황에서 일어나는 일들을 이해하기 어렵기 때문이다. 반드시 아이의 발달이 적절하게 이루어지고 있는지도 확인해보아야 한다.

두 돌이 지나면 발달 과정상 자기주장이 강해진다. 이 시기에 아이가 고집을 부리고 짜증을 내는 것이 문제 행동은 아니지만, 아이의 행동에 대한 부모의 일관성 있는 제한과 허용이 필요한 시기다. 아이가 발달 과정으로 자신이 해보겠다고 떼를 부리거나 짜증을 낸다면 아이가 시도해보도록 허용해준다. 즉, 혼자 옷을 입거나 혼자 밥을 먹겠다는 등의 행동은 스스로 하게 두는 것이 좋지만 이유 없이 떼를 쓴다면 단호하게 제한해야 한다.

부모의 짜증이 짜증내는 아이를 만든다

환경 변화나 심리적 변화가 없고 언어와 인지 발달 모두 정상인데도 갑자기 아이의 짜증이 늘었다면 먼저 부모 자신을 되돌아볼 필요가 있다. 짜증 내는 부모 밑에서는 짜증 내는 아이로 자랄 수밖에 없다. 아이가 잘못된 행동을 하면 그 행동만 지적해야 하는데, 짜증을 내다 보면 아이의 인격을 공격할 수 있고, 아이에게 소리치거나 무서운 모습을 보일 확률이 높다.

이런 모습을 보고 자란 아이는 자연스레 짜증이 몸에 배고 매사에 짜증 내는 아이로 자라게 된다. 짜증은 생각보다 전염성이 높다. 아이를 탓하기 전에 엄마 스스로 평소 짜증을 잘 내지는 않는지 생각해보자. 무엇보다 짜증에 짜증으로 대하는 부모는 하수다. 부모도 아이도 평온해지는 아이의 짜증에 대처하는 방법을 알아두면 좋다.

① 무시하기

아이가 짜증을 낼 때는 어떤 방법을 써도 속수무책인 경우가 많다. 이럴 때는 일부러 무시하는 것이 좋다. 짜증이 한풀 꺾인 뒤 대화를 시도하면 좀 더 쉽게 안정된다.

② '아이가 다 그렇지' 라고 생각하기

아이가 짜증 낼 때 '도대체 얘는 왜 이래?'라고 생각하기보다는 '애들이 다 그렇지 뭐'라고 생각해보자. 아이다움을 인정하면 엄마도 짜증이 나지 않는다.

③ 아이에게 질문하기

아이가 계속해서 짜증을 내면 아이에게 물어보자. "우리 딸 예쁜 얼굴은 어디 갔나?", "착한 우리 아들 왜 화가 났을까?"식으로 물어볼 것. 질문을 던지면 신기하게도 짜증이 가라앉고, 엄마도 아이도 화가 한풀 꺾인다.

④ 짜증내는 모습 보여주기

아이가 짜증내는 모습을 그대로 흉내 내어 보여주자. 그러면 이런 행동을 하면 안 된다는 것을 어렴풋이 느끼고, 아이가 좀 더 크면 오히려 엄마를 달래려고 노력할지도 모른다.

42

차별 육아

---

*"부모의 차별적 대우는 형제자매 갈등에
큰 영향을 미치므로 일관성 있게 아이를 대하세요."*

형제는 부모와 자원 및 공간을 공유하며 나눠야 하는 상황에서 부모의 관심을 더 많이 얻기 위해 그리고 더 많은 공간과 자원을 차지하기 위해 자연스럽게 서로 다투고 경쟁한다. 그러다 보니 부모가 자신이나 형제를 대하는 태도와 행동에 민감하게 반응하며, 작은 차이도 금방 알아채고 시샘하게 된다.

부모의 차별적 대우는 형제 갈등에 큰 영향을 미친다. 따라서 부모는 명확한 규범에 따라 일관성 있게 아이들을 대하고, 우애 좋은 형제자매를 만들기 위한 작전을 상황별로 준비하는 것이 좋다. 특히 아이들 나이가 증가하면서 나타나는 갈등 양상도 달라지기 때문에 이런 특성을 이해하고 앞으로 생길 수 있는 다양한 상황에 대비해 지혜로운 작전을 미리 짜놓는다. 아이들의 특성에 대한 이해와 행동에 대한 다양한 지식을 겸비하면 차별 없는 부모가 되고 아이들은 우애로운 형제자매로 자랄 수 있다.

☐ 한 아이에게만 더 많은 기대를 하고 있다.

☐ 한 아이에게만 더 많은 관심을 준다.

☐ 한 아이의 말만 듣고 상황을 판단한다.

☐ 한 아이를 칭찬하기 위해 다른 아이를 비교한다.

☐ 한 아이의 성취에 대해서만 칭찬한다.

☐ 부모가 원하는 것을 하는 아이만 인정한다.

☐ 한 아이의 취미와 학교생활, 친구, 관심거리에 대해서만 지지한다.

☐ 심부름과 보상의 기회를 공평하게 주지 않는다.

| CASE 1 | 동생이 태어난 후 큰애에게 더 신경을 쓰기 위해 이것 저것 해주고 많이 놀아주려고 했어요. 그런데 큰애가 동생은 아무것도 안 해도 예뻐하면서 자기한텐 뭔가 시키기만 한다고, 동생만 예뻐한다고 하네요.

아이의 마음 : '엄마 아빠는 원래 내 거였는데 동생이 태어나서 다 뺏어갔잖아!'

→ 동생이 태어나기 전의 첫째 아이는 외동과 같아서 다른 형제자매와 부모의 사랑을 나눠 가질 필요가 없었지만, 동생이 태어나면서 자신이 혼자일 때 받은 애정을 동생에게 빼앗기는 것 같은 느낌을 계속해서 받는다. 부모가 첫째 아이에게 집중하는 모습을 보여도 아이는 예전에 받던 부모의 사랑과 똑같다고 느끼지 못하니 이해하고 기다려 줘야 한다. 이때 첫째 아이에게 신경 쓴 부분에 대해 강조해서 설명하

기보다는 그런데도 첫째 아이가 억울해하고 서운해하는 마음을 읽어주는 것이 좋다.

| CASE 2 | 첫째가 유치원에 가면서 준비할 것도 많아져 큰애에게 신경을 더 썼더니 둘째가 형만 예뻐한다며 질투를 심하게 해요.

아이의 마음 : '형이 나보다 키도 크고 잘하는 것도 많은데 나는 못 하니까 엄마 아빠가 나는 예뻐하지 않아.'

→ 동생의 경우 자신보다 더 크고 힘도 세며 능력 있어 보이는 손위 형제는 자신에게 향하는 부모의 관심을 빼앗는 존재로 인식할 수 있다. 자신이 손위 형제보다 못하다는 열등의식과 함께 손위 형제가 하는 모든 활동을 질투하기도 한다. 그래서 첫째 아이의 발달 과정에 따른 새로운 활동을 함께하는 부모의 모습을 동생은 차별이라고 받아들일 수 있다.

이럴 때는 첫째 아이의 발달 수준에 따라 불가피하게 해야 하는 부모의 역할을 동생이 잘 이해할 수 있도록 충분히 설명한다. 또 아이들에게 애정을 표현할 때는 둘째 아이의 수준에 맞는 객관적인 애정 태도를 보이는 것이 필요하다.

| CASE 3 | 큰아이가 좀 더 의젓했으면 하는 마음에 '너는 오빠니까'라는 말을 자주 하고 양보하라고 했더니 엄마는 자기는 미워하고 동생만 예뻐한다고 하네요.

아이의 마음 : '내가 언제 오빠 한다고 했나! 동생은 귀찮고 부담스럽기만 해.'

→ 큰아이 처지에서는 늘 자기에게 양보와 도움을 요청하는 존재라

면 동생에게 형제애나 동료애보다는 짐이나 부담으로 느껴져 이 관계로부터 도망치고 싶은 마음이 들 것이다. 그러므로 형의 역할에만 치중해서 아이를 바라보거나 지시하지 말고 형의 권위를 세워주고 자존감을 키워주는 모습을 보이면 아이 스스로 형으로서의 존재감을 더 가치 있게 여기고 역할 수행을 하고자 열심히 노력할 것이다.

Plus Tip - 형제자매끼리 싸울 때
공평하게 훈육하는 방법

• •

첫 번째 방법은 일상생활에서 형제간 규칙을 미리 정해두는 것이다. 소리 지르지 않기, 상처 주는 말 하지 않기, 허락 없이 다른 사람 물건 사용하지 않기, 고자질하지 않기 등을 미리 정해놓으면 싸움의 원인이 줄어든다.

두 번째는 즉각적으로 개입하지 않는 것이다. 싸우는 즉시 개입해 부모가 해결하기보다는 지켜보면서 방법을 찾아주면 아이들은 싸움과 갈등 해결 과정을 겪으며 성장한다.

세 번째는 부모에게 도움을 요청할 수 있는 조건을 정해주는 것이 좋다. 한 아이가 다쳤거나, 물건을 부수었거나, 문제가 커져 스스로 해결할 수 없다고 생각할 경우 도움을 요청할 수 있다고 알려준다. 단, 몸싸움할 때는 반드시 개입해야 한다. 몸싸움의 잘잘못을 따지기보다는 일단 몸싸움 자체를 중지시키는 것이 중요하다.

마지막으로 공정하게 해결하는 방법을 알려준다. 아이들이 오랫동안 갈등 해결 방법을 찾지 못하고 있거나 혼란스러워한다면 몇 가지 방법을 알려주는 것이 좋다.

43
첫째 훈육법

"첫째의 잘못된 행동에 대해서는
정확하게 훈육하고 넘어가야 합니다."

　엄마는 첫째가 동생을 보호자처럼 잘 돌봐주길 바라는 마음이 큰 데
다 둘째가 첫째보다 약자라고 생각한다. 따라서 첫째니까 좀 참아야
한다고 생각하면서도 첫째가 하는 행동을 많이 인정해주는 경향이 있
다. 그러나 형은 동생을 지배하려는 심리가 강하고 동생은 형을 잘 따
르면서도 반항하려는 심리가 있으므로 평등하고 일관성 있는 자세로
아이들을 대해야 한다.

　따라서 첫째의 잘못된 행동에 대해서는 정확하게 훈육하고 넘어가야
한다. 다만 훈육할 때 "첫째가 동생처럼 행동해서 되겠어?", "동생도
안 하는 짓을 하면 되겠니?" 등의 말을 해서는 절대 안 된다. 첫째의
자존감이 낮아질 뿐만 아니라 만약 동생이 이 장면을 본다면 첫째를
무시할 수 있기 때문이다.

　훈육할 때는 "그렇게 하면 다른 사람에게 피해를 준다." 혹은 "예의
에 어긋나는 행동을 하면 안 된다." 등의 말을 하는 것이 좋다. 동생

이나 다른 사람과 비교하기보다는 잘못된 행동에 초점을 맞춰 훈육하도록 한다. 행여 동생이 첫째가 혼나는 장면을 보더라도 형이라서 혼난다기보다는 잘못된 행동을 해서 혼난다는 것을 알려준다.

| CASE 1 | 2세, 4세 아들을 키우고 있어요. 큰아이가 작은아이를 때리면 많이 혼냈는데 어느새 작은아이가 큰아이를 때리고 큰아이는 울기만 해요.

→ 서열을 강조하지 말고 행동에 초점을 맞출 것

전형적으로 잘못된 훈육의 예다. 예부터 부모들은 첫째에게 많은 기대를 하고 첫째라는 사회적 역할을 강조해왔다. 그렇다 보니 첫째의 잘못은 엄하게 다루면서 동생은 관대하게 대하는 경향이 있다. 문제는 이런 훈육을 하면 첫째의 자존감이 낮아지고 동생 역시 첫째를 무시하게 된다. 특히 2세 정도의 나이는 자아가 형성되는 시기라 편향된 훈육 방법이 아이들의 관계에 악영향을 미칠 수 있다.

훈육은 사회적 역할을 강조하기보다 행동에 중점을 두어야 한다. 또 둘째가 잘못을 하면 "형을 때리면 돼? 형 말을 잘 들어야지."보다는 "이렇게 힘으로 상대방을 때리면 안 되지?"와 같이 행동에 초점을 맞춰 훈육한다. 서열을 강조하는 말은 "형이 동생에게 양보했네." 또는 "형 말을 잘 듣네."와 같이 서로가 잘한 행동을 칭찬할 때 사용한다. 첫째의 자존감을 높이면서 형제, 남매, 자매간의 역할을 정할 수 있다.

| CASE 2 | 5세인 첫째가 3세 동생을 자꾸 괴롭혀요. 타이르기도 하고 혼내기도 하는데 정확한 방법을 모르겠어요.

→ 첫째가 우월감을 가질 수 있도록 도와주기

168

첫째는 동생에게 부모의 사랑을 빼앗겼다는 질투로 동생을 괴롭히는 경우가 가장 많다. 이럴 때 부모는 첫째에게 전보다 더 많은 사랑과 관심을 주도록 한다. 그리고 형이나 언니가 우월감을 가질 수 있게 도와준다. "네가 더 크니까 이러이러한 것을 할 수 있는데 동생은 못 한단다. 그러니까 네가 더 낫다."라는 인식을 심어줄 필요가 있다. 그러나 "네가 언니니까 동생에게 양보하고 잘해주어라." 등의 양보를 요구하는 말을 하면 오히려 첫째에게 스트레스를 줘 동생을 더욱 미워할 수 있다.

| CASE 3 | 연년생 남매가 유난히 잘 다퉈요. 모른 척해야 할까요, 개입해야 할까요?

→ 폭력 상황에만 개입할 것

아이들끼리 싸울 때는 부모가 나서서 해결하지 않는 것이 좋다. 아이들은 부모에게 관심을 받기 위해 먼저 부모에게 이르거나 더 큰소리를 내기도 하는데, 이때는 서로 잘 해결할 수 있도록 조언해주는 정도가 바람직하다. 단, 두 아이 사이에서 폭력이 발생한 경우에는 즉시 개입해서 상황을 끝내야 한다. 특히 이 과정에서 아이들의 말만 듣고 옳고 그름을 그 자리에서 판단하지 않도록 조심한다. 편애한다는 인상을 줄 수 있고, 엄마의 판단에 억울하다고 느낄 수 있기 때문이다. 폭력이 일어났을 때는 즉각 중단시키고 감정을 가라앉힌 뒤 아이들 각각의 이야기를 모두 들어보고 판단하는 게 바람직하다.

| CASE 4 | 큰아이가 잘못해서 혼내면 나중에 엄마와 똑같은 말과 행동을 하며 동생을 혼내요. 그렇다고 아이를 훈육하지 않을 수는 없는데, 어떻게 훈육하는 것이 좋을까요?

→ 훈육은 엄마만이 할 수 있다는 사실을 알려줄 것

"맴매, 맴매"하며 동생을 훈계하는 척하고 때리려는 등의 행동을 한다면 이는 동생에게서 자신의 힘과 우위를 확인하는 동시에 미운 감정을 드러내는 것이다. 이때는 동생 훈계는 엄마만이 할 수 있다고 얘기해주고, 특히 때리는 것은 절대 안 된다고 일러준다. 평소 부모가 아이를 야단치고 훈계하기보다는 많이 안아주고 자주 칭찬해주는 것이 좋다. 아이는 자신을 야단치는 엄마를 그대로 흉내 내어 동생을 야단치기 때문이다.

44
체벌의 기준

"잘못된 체벌은 두려움을 피하려고
말로만 잘못했다고 하는 상황을 만들어요."

어떤 부모는 아이가 맞아야만 말을 듣는다고 하는데, 이는 매에 대한 공포감 때문에 말을 듣는 것일 뿐 정작 자신이 무엇을 잘못했는지는 모르는 경우가 많다. 즉, 엄마가 매를 들면 두려움 때문에 자신이 엄마를 화나게 했다는 생각은 하지만 무엇을 잘못했는지는 잘 모르기 때문에 다음에도 같은 행동을 반복한다. 따라서 체벌은 가능하면 하지 않는 것이 좋다.

36개월 이상의 아이라면 매를 들기보다는 스스로 생각할 시간을 주는 것이 도움이 된다. 방문을 닫고 엄마와 아이가 마주 보고 앉은 뒤 조금 엄한 목소리로 대화를 하고 다시 이런 일이 생기지 않도록 다짐을 받으면, 아이는 자신의 행동에 대해 생각해보게 된다. 장기적으로 보면 체벌을 통해 순간적인 효과를 얻는 것보다 스스로 생각하게 하는 것이 더 큰 효과를 가져온다.

게다가 잦은 체벌은 아이를 폭력적으로 만들 수 있다. 큰아이가 어눌한 발음으로 "내가 그렇게 하지 말라고 했지." 라며 동생을 때리는 모습을 보고 놀랐다는 부모가 적지 않은데, 이는 아이가 잘못했다고 자주 체벌을 하면 비슷한 상황일 때 자기가 보고 배운 대로 다른 사람을 대하는 것이다. 폭력은 또 다른 폭력을 낳는다는 점을 명심하자.

한편 체벌을 하기 시작하면 문제가 생길 때마다 매를 드는 횟수가 점점 많아진다. 아이 역시 처음에는 한 대만 맞아도 말을 들었지만 갈수록 점점 더 많이 때려야 말을 듣는 악영향이 나타난다. 쉽게 말해 체벌에 내성이 생겼다고 할 수 있다. 또 자주 맞는 아이들은 '나는 나쁜 아이' 라는 생각을 하게 되고, '어차피 나는 나쁜 아이고 좋아질 수 없다' 는 생각에 자신감을 잃기도 한다.

체벌에도 지켜야 할 규칙이 있다

아이가 부모를 화나게 하는 상황에서 가장 손쉽고 빠르게 그 행동을 제지할 방법이 맴매지만, 여기에는 부모의 감정이 실리기 때문에 그다지 좋은 방법이라고 할 수는 없다. 아이가 문제 행동을 할 때는 먼저 그 상황을 피하는 것이 좋다. 가령 마트 장난감 판매대 앞에서 고집을 피운다면 매장을 벗어나야 한다. 그리고 조용한 곳에서 아이를 이해시키거나 짧고 엄한 목소리로 훈육한다.

집이라면 10~20초간 특정한 장소에서 아이를 붙잡고 있는 것이 매보다 더 큰 효과를 발휘한다. 잘못된 행동에 대해 충분히 알려준 다음 아이의 양손을 잡고 둘이 마주 보고 앉아만 있어도 아이의 문제 행동을 바꿀 수 있다. 그러나 아무리 화가 나도 체벌을 할 때 반드시 지켜야 하는 규칙이 있다.

① 화를 가라앉히고 나서 때린다

화가 난 상황에서는 필요 이상으로 많이 때리게 되고 아이의 잘못을 지적하지 못한다.

② **다음에 또 이러면 "두 대 때린다." 라는 식으로 미리 경고하고, 체벌해야 하는 상황이 생기면 같은 장소에서 정해진 매로 때린다**

기준 없이 아무 데서나 손에 잡히는 것으로 때리는 행동은 좋지 않다. 손으로 직접 때리는 것도 나쁜 방법이다.

③ **때린 후에는 꼭 안아서 달래준다**

아이가 미워서가 아니라 잘못해서 때린 것이라고 이야기해주고, 맞을 때 기분이 어땠는지 물어보면서 나쁜 감정을 풀어주어야 한다.

Plus Tip - 격한 감정을 가라앉히는 30초 호흡법

감정을 가라앉히는 방법은 여러 가지지만 언제 어디서나 가장 간단하고 쉽게 할 수 있는 방법은 호흡하며 감사함 느끼기다.

① 오른손을 심장 또는 배 위에 얹는다.

② 5초간 숨을 천천히 들이마신다. 이때 손바닥을 통해 심장이 뛰는 것을 느낀다.

③ 5초간 천천히 숨을 내뱉는다. 평소보다 약간 느리고 약간 깊게 한다. 숨을 너무 깊이 쉬면 어지러울 수 있다.

④ 진정으로 감사함을 느껴본다. 긍정적인 생각만으로는 심장이 안정을 되찾기 힘들다. 구체적으로 고마운 대상이나 경험을 떠올리며 진정으로 감사함을 느끼면 심장이 안정을 되찾아 고른 심박 수를 보인다.

45
친구 때리기

"때리는 행동은 그 즉시 제재를 가해
나쁜 행동임을 아이에게 훈육해야 합니다."

아이가 친구를 괴롭히는 것은 관심받고 싶거나 또래 관계에서 특정 그룹에 속해 있다는 소속감을 표현하기 위해서인 경우가 많다. 혹은 다른 아이가 자신과 다른 점이 있다는 사실을 이해하지 못해 놀리거나 괴롭히기도 한다. 이유는 다르지만 한 가지 공통점은 처음부터 때리는 아이는 없다는 것이다. 다만, 말로 표현하기 어려운 상황이 반복되면서 때리는 행동으로 표현하는 아이가 생기게 된다.

폭력적인 행동은 아이의 성향에서 비롯되는 경우가 많다. 특히 2~4세 남자아이들의 공격성이 조금 높은 편이며, 이 시기에는 부모의 행동이 공격성에 큰 영향을 준다. 처음 누군가를 때렸을 때 그에 대해 정확한 훈육 없이 지나가고 그런 상황이 반복되면, 아이는 때리는 것이 크게 나쁘지 않다고 생각하게 된다. 또 부모가 아이의 요구에 호응해주지 않거나 원하는 것을 제지당하는 상황이 반복되면, 아이의 마음속에 불만이 쌓여 그것을 공격적인 방법으로 해소하려고 한다.

처음 발견했을 때의 훈육이 무엇보다 중요하다

아이가 누군가를 때리는 첫 대상은 주로 부모나 조부모다. 이는 가장 많은 시간을 함께 보내기 때문이다. 처음 폭력적인 모습을 보였을 때 부모가 제대로 훈육하지 않으면 나중에 친구를 때리는 불상사로 커질 수 있다. 무엇보다 폭력성은 주변의 영향을 크게 받는다. 폭력적인 장면은 아이의 눈을 통해 머리와 가슴에 고스란히 남게 되고, 이런 장면을 보고 자란 아이는 이런 행동을 자연스레 학습하며 그대로 모방한다. 바로 부모의 행동과 역할이 중요한 이유다.

또한, 언니나 오빠, 형, 누나의 행동을 그대로 따라 하는 경우도 많으니 가정에서 폭력적인 환경에 노출되지 않도록 더욱 신경 써야 한다. 물론 기질적으로 폭력성이 강한 아이들도 있다. 이런 아이들은 부모보다는 또래를 때리는 경우가 많다. 자신의 신체적 특성을 활용해 우월함을 표시하는데, 부모는 자신보다 강하기 때문에 자신의 신체와 비슷한 또래에게만 폭력을 행사한다.

때리는 행동은 그 자리에서 곧바로 막아야 한다. 만약 때리는 행동 패턴이 반복되는 아이라면, 지켜보고 있다가 아이가 흥분하거나 싸우면서 폭력적인 성향을 보이려고 하면 바로 그 상황을 막는다. '애들이 뭘 알고 때리는 거겠어'라는 생각으로 대충 넘어가는 것은 좋지 않다. 아직 어리고 사리 분별이 명확하지 않은 어린아이도 폭력적인 행동은 바로 막고 제지하며, 그 자리에서 분명히 때리는 것은 나쁜 행동이라는 훈육을 꼭 해야 한다.

때리는 상황을 처음 보았는데 그 즉시 개입하지 못했다면 나중에 아이가 때린 것을 잊어버리기 전 그 행동에 대해 이해시키는 과정이 필요하다. 그리고 맞은 아이와 부모의 마음을 헤아려 아이가 직접 사과하게 한다. 이때 아이가 사과를 거부한다고 해서 부모가 화를 내거나 감정적으로 아이를 더 혼내지 않도록 주의한다.

벌은 전후 사정을 파악하고 난 뒤에 준다

먼저 아이가 그런 행동을 한 이유를 구체적으로 물어 원인을 찾도록 한다. 누군가에게 맞아서 방어로 때리는 행동을 보였을 수도 있고, 친구와 사귀고 싶은데 방법을 몰라서 그런 행동을 했을 수도 있다. 구체적인 질문으로 전후 사정을 파악한 뒤 아이의 행동에 합당한 책임을 지게 하는 것이 가장 바람직하다.

벌은 아이가 좋아하는 것을 당분간 못하게 한다든가, TV를 못 보거나 간식을 못 먹게 하는 등 친구를 괴롭히고 때리면 자신에게 불이익이 온다는 것을 알게끔 하는 정도가 적당하다. 이때 무조건 금지하는 것보다 일정 시간을 정해놓는 것이 좋다. 아무런 기약 없이 무작정 아이를 기다리게 하면 아이가 속상한 마음과 반항심에 똑같은 잘못을 계속 저지를 수도 있기 때문이다.

Plus Tip - *늘 맞고 오는 우리 아이*

· ·

맞는 아이들은 대체로 자신감이 없고 주눅이 들어 대처 능력이 빈약하다. 이런 아이들은 평소 부모에게 꾸중을 많이 듣거나 형제나 주변 아이들과 비교를 당해 열등감을 가진 경우가 많다. 아이들이 가장 싫어하는 것이 비교인데, 주변 아이들이 다 자기보다 낫다고 생각되면 또래 관계에서 소극적인 태도를 보이게 된다. 또 부모가 너무 과잉보호해 아이가 자신을 약한 존재로 느끼게 되면 또래의 공격적인 행동에 적절히 대처하지 못한다.

따라서 이런 아이들에게는 방어 능력을 키워줄 필요가 있다. 방어 능력은 자신감이 있어야만 적절히 발휘될 수 있으므로 아이가 자신감을 가질 수 있도록 도와주면서 한편으로는 조금씩 자기주장 훈련을 시키는 것이 좋다. 맞는 아이들은 "안 돼.", "하지 마."와 같은 단호한 말들을 못 하는 경우가 많다. 이런 말을 하더라도 기어가는 목소리로 하므로 때리는 아이에게 더욱 만만하게 보이는 것이다. 부모와 함께 단호하게 자기 의견을 말하는 연습을 하면 큰 도움이 된다.

46
칭찬의 정석

"칭찬은 사소하더라도 구체적으로 표현하는 것이
가장 좋은 방법입니다."

칭찬은 아이에게 자신감을 심어주고 긍정적 사고를 길러준다. 또 칭찬을 꾸준히 받으면 아이는 자신이 사랑받는 존재라는 것을 알아 심리적으로 안정을 느끼고, 이로 인해 부드럽고 포용력 있는 성격의 아이로 성장한다. 이 밖에도 칭찬은 긍정적 사고를 하게 도와주고, 자신의 행동에 책임을 느껴 좋지 않은 행동을 스스로 제어하는 등 다양한 이점을 가지고 있다고 전문가들은 말한다.

하지만 무슨 일이든 덮어놓고 칭찬을 한다면 이야기는 달라진다. '과유불급'은 칭찬에도 적용되는데, 부모의 '과잉 칭찬'을 받는 아이는 자기중심적이기 쉽다. 부모에게 언제나 잘한다는 말만 들은 아이는 남들도 항상 자신을 주목해주기를 바라고 주변 사람들의 감정을 배려할 줄 모르는 아이로 성장할 수 있다.

또한, 혹시라도 칭찬을 받지 못하는 상황이 발생하면 실망이 크기 때문에 무슨 일이든 쉽게 포기할 수도 있다. 정말 잘한 일만 구체적으

로 무엇을 잘했는지 꼽아가며 칭찬하도록 한다. 무조건 잘했다는 칭찬
은 위에서 말한 것과 같은 칭찬의 부정적인 효과만을 일으킬 뿐이다.
다시 말해 칭찬에도 기술이 필요하다.

① 칭찬은 구체적으로 한다

칭찬할 때는 구체적으로 표현하는 것이 가장 좋다. "우리 아들 정리
잘했네."보다는 "우리 아들 정리를 미루지 않고 잘했구나. 많이 성실
해져서 엄마가 기분이 무척 좋네."라는 말이 칭찬한 이유를 더 정확
하게 전달한다. 또 칭찬할 일이 있으면 미루지 말고 그 자리에서 바로
한다. 남 앞에서 자녀를 칭찬하는 게 속 보이는 일이라고 생각해 망설
이는 경우가 의외로 많이 있는데, 아이로서는 바로 그때가 다른 사람
에게 자신을 자랑할 기회이므로 아주 가끔은 여럿이 모인 곳에서도
아이를 칭찬하는 센스를 발휘한다.

② '최고'보다는 '노력'이라 표현한다

'최고', '완벽', '천재' 등의 표현보다는 "좋은 생각이구나.",
"노력을 많이 했구나." 등 아이가 이해할 만한 표현을 선택한다. 또
결과를 칭찬하기보다는 그 결과에 이르기까지 얼마나 노력했는지를 칭
찬한다.

③ 아이와 눈을 맞추고 칭찬한다

아이를 칭찬할 때는 아이의 눈을 보며 말한다. 서로 떨어져 있다면
아이에게 가까이 다가가 허리를 숙이고 눈을 맞추며 바로 앞에서 말
하는 게 좋다. 선 채로 시선만 아래로 떨어뜨리거나 설거지나 청소를
하면서 아이에게 "잘했네."라고 말하면 칭찬의 효과가 떨어진다.

④ 사소한 일도 잘했다면 칭찬한다

칭찬은 반드시 뭔가 근사하고 큰일을 해냈을 때 하는 것이 아니다. 밥 잘 먹고, 친구와 잘 어울려 놀고, 깨끗이 세수하고, 장난감을 스스로 치우고 하는 등 아주 사소하고 당연해 보이는 일도 칭찬해주는 것이 필요하다. 아이의 행동을 긍정적으로 바라봐주는 데서 아이의 자신감이 상승한다.

⑤ 칭찬과 꾸중을 동시에 하지 않는다

"이건 잘했어, 그런데 말이야"라는 식으로 야단을 치기 위해 말머리를 칭찬으로 꺼내면 아이는 칭찬을 받는 것인지 야단을 맞는 것인지 헷갈린다. 이런 식의 꾸중이 반복되면 칭찬 뒤에는 으레 꾸중이 나오는 것으로 인식해 칭찬의 의미가 사라진다.

⑥ 스킨십을 하며 칭찬한다

아이들은 그냥 말로만 칭찬할 때보다 안아주거나 머리를 쓰다듬어주면서 칭찬받는 것을 훨씬 더 좋아하고 칭찬 효과 역시 크다. 말귀를 잘 못 알아듣는 돌 전후의 아이, 동생을 본 후 시샘이 많아지고 퇴행성 행동을 하는 아이, 난폭하고 산만한 아이에게는 특히 스킨십으로 칭찬하기를 권한다.

만약 아이가 폭력적으로 행동하거나 지나치게 산만하게 군다면 조용히 아이 곁으로 다가가 꼭 껴안아 주거나 볼을 맞대고 비비는 등의 행동을 하며 "엄마는 우리 지우가 조금 조용히 노는 게 더 좋아."라고 말하고, 조용히 잘 놀고 있다면 "우리 지우, 얌전히 잘 놀고 있구나. 엄마 설거지할 동안 예쁘게 잘 놀아줘서 아주 고마워."라고 칭찬하면 약간의 행동 교정 효과도 기대할 수 있다.

47
혼자 놀기

—

"혼자 놀기가 습관화되면
대인 관계 능력 발달에 부정적인 영향을 끼칠 수 있어요."

성격이 내성적인 아이들은 친구들과 어울리는 것보다 혼자 노는 것을 좋아하는 경향이 있다. 이런 경우 굳이 적극적으로 친구를 찾거나 다른 사람과 함께 놀려고 하지는 않지만, 상황을 주면 다른 아이와도 잘 어울려 논다. 단지 관계를 주도하지 않거나 말이 많지 않을 뿐인 아이들은 단순한 성격적 특성으로 보면 된다.

그러나 아이가 다른 아이들과 대면 상황에서조차 친구에게 관심을 보이지 않거나 친구의 친교 요구에 별반 반응을 보이지 않는다면 사회성 부족 또는 결핍을 의심해보거나 자폐 스펙트럼 장애에 해당하는지를 판단하는 것이 중요하다. 혼자 놀 때 다양한 주제에 관심을 보이지 않고 오직 한 가지 활동만 반복한다면, 성격적 특성이 아닌 자폐 성향일 가능성이 크다.

'혼자 놀기'는 인지 발달의 과정이다

어린아이에게 혼자 놀기는 재미를 추구하는 심리적 욕구와 생각을 확장하는 인지적 발달의 결합이라 할 수 있다. 놀이를 통해 지루함을 달래고 즐거움을 얻으며, 혼자서 여러 가지 역할을 해보거나 상황을 설정하면서 자신의 지식과 상상력을 모두 발휘하게 돼 인지와 정서 발달에는 충분한 도움을 준다. 따라서 혼자 놀기가 사회성 발달 측면에서는 별다른 도움이 되지 않지만 혼자 노는 것을 아예 막을 필요는 없다.

그렇다고 혼자서만 놀도록 내버려 둬서는 안 된다. 자연스레 친구들과 어울리는 것이 정상적 발달 모습이기 때문이다. 혼자 놀기가 습관화되면 아이 스스로 정상 발달 기회를 박탈해 결국 사회화와 대인 관계 능력 발달에 부정적인 영향을 미칠 수 있다. 혼자 놀기를 좋아한 아이들은 성장 후에도 사람들과 잘 어울리지 않거나 심한 경우 고립된 삶을 살아갈 수 있다. 따라서 적절한 혼자 놀기와 더불어 친구들과 어울려 놀 기회를 자주 만들어주어야 한다.

| CASE 1 | 친구들과는 시시해서 못 놀겠다며 늘 혼자서만 놀아요.

→ 남들도 소중한 존재라는 것을 알려주세요

이런 아이들은 세상에서 자신이 가장 소중하고 훌륭한 존재라고 생각하며, 친구들은 모두 못나고 한심한 존재처럼 여기는 경향이 있다. 간혹 마음에 드는 친구를 발견해도 자신의 부하처럼 여기곤 한다. 이럴 때 부모는 친구들 역시 너처럼 소중한 존재이며, 친구들을 무시하는 것은 바르지 못한 행동이라는 것을 알려주어야 한다. 우정이나 배려를 강조하는 내용의 책을 읽어주는 것도 좋다.

| CASE 2 | 친구들과 어울리긴 하는데 늘 한두 명하고만 놀고, 신체

활동보다는 인형 놀이 등 조용한 놀이를 좋아해요.

→ 비슷한 성격의 아이들끼리 어울리게 하세요

성향이 내성적이고 생각하는 것을 즐기는 아이다. 이때 부모가 여러 친구와 어울리지 못하고 외향적이지 않다며 아이를 비난하는 것은 절대 금물. 대신 아이 친구들을 집에 초대하고, 부모가 이웃과 스스럼없이 어울리는 모습을 보여주어 아이가 친구 사귈 때의 기쁨을 느끼도록 도와주는 것이 좋다. 비슷한 성격의 아이들끼리 어울리게 해주면 아이가 친구를 사귀는 데 따르는 부담을 훨씬 덜 느낀다.

| CASE 3 | 친구들과 어울리지 못하고 혼자 떨어져서 멀뚱히 서 있거나 다른 짓을 하는 경우가 많아요.

→ 엄마가 다리 역할을 해 주세요

자신감이 모자란 탓에 친구들이 자신을 좋아할지 아닐지 걱정되어 다가가지는 못하지만, 집단에 참여하고 싶은 욕구는 있으므로 멀리 떨어지지 않고 주변을 맴도는 경우가 많다. 이럴 때는 친구에게 다가가기 힘들어하는 아이를 억지로 친구들 사이에 밀어 넣기보다는 엄마가 함께 친구들에게 다가가 아이가 친구와 놀고 싶어 한다고 말해준 뒤, 아이 스스로 이름을 말하거나 인사를 하게 해준다. 또한, 처음부터 많은 친구와 어울리는 것은 아이에게 부담을 줄 수 있으니 처음에는 1~2명의 친구와 어울리게 하는 것이 좋다.

| CASE 4 | 친구들과 함께 있지만, 자세히 보면 같이 노는 것이 아니라 혼자 미끄럼틀이나 그네를 타는 등 어울리지 않고 혼자만의 놀이에 빠져 있어요.

→ 가상 상황으로 아이의 문제점을 알려주세요

친구들과의 놀이 기술이 부족해 자신이 어느 때 어떤 말과 행동을 해야 할지 잘 모르고, 친구들과 매끄러운 상호 교류에 서툰 아이다. 이럴 때는 가족끼리 역할극을 하며 부모가 친구 역할을 맡고 아이가 친구 역할을 하며 다양한 상황에 맞는 대응 방법을 경험하게 해준다. 또 아이가 친구들과 노는 모습을 관찰하며 아이가 어떤 문제를 가졌는지 파악해 적절한 대응 방법을 아이에게 알려주어야 한다.

| CASE 5 | 누구와 어울리는 것 자체를 싫어해요.

→ 지속해서 친구에 관한 관심을 유도해주세요

친구는 물론 외부 환경에 대해 별다른 관심이 없는 경우다. 친구들의 존재 자체에 관심이 없고, 심한 경우 자폐적 성향이 있다고도 할 수 있다. 이럴 때는 아이에게 계속해서 친구의 이름을 물어보고, 친구에게 인사하라고 권하고, 친구의 인사에 어떻게 대응해야 하는지를 알려주는 등 친구에 관한 관심을 최대한 이끌어줘야 한다. 또 부모와 아이가 함께 놀며 아이에게 심리적, 정서적 안정감을 주는 것도 필요하다. 가족 모임을 자주 하는 것도 좋다. 아이의 사회성을 발달시키는 기본은 바로 가족 관계로, 부모와의 관계가 돈독할수록 아이의 사회성도 잘 발달한다.

48
훈육 후 다독이기

"혼내고 난 뒤 아이 스스로
생각할 시간을 충분히 주고 다독이는 게 가장 좋아요"

아이를 혼내고 나서 안아주고 사랑한다는 말을 하는 것은 올바른 방법이며, 모든 훈육에 통용되는 방법이다. 이때 중요한 것은 다독이는 시점이다. 혼내고 바로 말할 것인가, 시간이 흐른 뒤에 말할 것인가, 잠들기 전에 말할 것인가, 아니면 아예 하지 않을 것인가를 부모는 신중히 고민해야 한다.

가장 좋은 방법은 아이가 충분히 생각할 수 있는 시간을 준 다음에 말하는 것이다. 아이 스스로 잘못을 인정한 다음에 혼내고, 자신이 혼나고 있다는 사실을 인지할 수 있는 시간을 주어야 한다. 이때 윽박지르거나 매를 드는 것은 좋지 않다.

잘못된 다독이기는 오히려 독이 된다

혼내고 나서 바로 다독이면 버릇이 나빠진다는 말이 있다. 혼낸 뒤 바로 "엄마가 화내서 미안해."라며 사과하는 형식을 취하면 아이가

자신의 잘못을 수긍하기보다는 혼낸 사람이 잘못한 것으로 오해할 수
있다. 즉, 자신의 행동에 대해서 생각하기보다는 혼내는 사람이 잘못
되었고 약한 자신을 괴롭힌다고 생각할 수 있다. 이런 다독이기가 반
복되면 아이는 혼나는 중에도 자신의 잘못을 뉘우치기보다는 꾸중하는
사람에 관한 미움과 증오로 대드는 모습을 보일 수 있다.

다독이기의 목표는 부모가 혼낼 때의 마음이 모두 풀렸으니 그 일로
걱정하지 않아도 된다는 생각을 하게 하는 것과 그 행동을 하지 않으
면 그럴 일이 없다는 것을 명확하게 약속하는 시간이라고 생각하면
된다. 혼내서 미안하다는 식의 말투로 아이를 다독이면 어떤 일이든
간에 혼내는 사람이 잘못하는 것으로 비치게 되므로 주의한다.

바른 다독이기로 아이 마음을 달랜다

훈육할 때는 아이 스스로 잘못한 부분에 대해서 생각할 시간을 주어
야 한다. 이때는 조용한 곳에서 생각할 시간을 주는 것이 좋다. 울고
있다면 울어도 좋다고 이야기해준다. "뭘 잘했다고 울어!" 라는 식의
말투는 옳지 않다. "울고 싶으면 울어, 그러고 나면 마음이 좀 진정될
거야." 라고 이야기해주면서 마음껏 울 수 있는 방으로 안내해도 좋
다. 그리고 "조금 전 행동에 대해서 엄마에게 할 말이 있으면 나와서
말해. 엄마는 네 생각을 듣고 싶어." 라고 하면서 시차를 두고 아이에
게 선택권을 넘긴다. 단, 그사이에 엄마가 화를 내서 미안하다는 말을
해서는 안 된다.

아이를 훈육한 뒤 아이 스스로 생각할 시간을 주고, 엄마에게 와서
자신의 어떤 행동이 잘못되었고 이젠 어떻게 하겠다는 이야기로 마무
리를 지으면 그때 부드러운 목소리로 대답해주면 된다. 이 과정을 거
치지 않고 무작정 매를 들면 두려움만 키우게 되고, 큰 소리에 겁을
먹는다. 또 중간에 사과를 해버리면 꾸중하는 사람이 잘못하는 것으로

바뀌어 오히려 버릇이 나빠질 수 있다. 매와 꾸중은 그 상황만 지나면 그만이라는 생각을 아이 스스로 하게 되므로 생각하는 시간을 주는 패턴을 만든다.

아이를 달랠 때는 아이 생각을 듣고 "그렇게 생각하니까 엄마도 좋아. 바른 생각을 하는 네 모습이 자랑스러워."라는 식으로 아이가 뉘우치는 말에 힘을 실어주어야 한다. 말을 하는 도중에 "그렇게 잘 알고 있으면서 아까는 그렇게밖에 못했어?"라는 식의 말투는 뉘우치는 마음이 사라지게 만든다.

Plus Tip - 아이가 둘 이상인 집의 훈육과 다독이기

· ·

아이가 둘 이상인 집은 기본적인 규칙만 지키면서 상황에 따라 융통성 있게 대처하면 된다. 먼저 훈육은 따로 해야 할 때가 있고 같이 해야 할 때가 있다. 한 명의 일방적인 잘못이라면 따로 훈육하는 것이 맞지만, 둘의 문제로 인해 사건이 발생한 경우에는 먼저 아이를 제각각 만나 생각을 다 듣고 나서 엄마가 종합한 다음, 둘을 같이 불러놓고 훈육하는 편이 좋다. 각자의 이야기를 엄마가 조용한 곳에서 들은 다음 둘의 잘못된 행동을 짚어주고 어떤 행동을 타인이 싫어하는지 깨닫게 한다. 이후에 엄마가 중간자적 입장에서 서로 화해할 수 있도록 긍정적인 말로 조율하는 것이 좋다. 다독이기를 할 때는 칭찬으로 끝맺는 것이 좋으며, 칭찬은 함께 있을 때 해주는 것이 올바른 방법이다.

49
TV 시청

*"두뇌가 집중적으로 발달하는 영유아기에는
영상 매체 시청을 피하는 게 좋아요."*

사실 나이와 상관없이 장시간 TV를 보는 것은 좋지 않다. 그런데 유독 영유아들이 TV나 태블릿 PC, 스마트폰 영상을 접하는 것에 대해 걱정하는 이유는 이 시기 아이들의 발달 상황 때문이다. 아이의 신체 대부분이 엄마 뱃속에서 완성되어 나온다면, 그 기능이 발달하는 것은 태어난 이후부터다. 두뇌도 마찬가지다. 아이의 뇌는 태어나서 만 3세(30개월까지라고 말하는 학자도 있다)까지 평생 중 가장 빠른 속도로 발달하는데, 문제는 이 시기에 접하는 영상이 정상적인 두뇌 발달을 방해한다는 사실이다.

눈에 보이는 사물이 시각을 자극하고 그 자극은 뇌로 전달된다. 뇌로 전달된 시각적 자극은 뇌의 후두엽을 거쳐 전두엽으로 넘어가 본 것에 대해 이해하고자 하는 것이 정상적인 과정이다. 그러나 영상의 경우는 좀 다르다. 영상 매체 속 영상의 속도가 너무 빨라 그 시각적 자극이 일차적 감각과 감정에만 영향을 미칠 뿐 뇌의 전두엽을 자극하지는 못한다. 전두엽 자극은 곧 두뇌 발달인 셈인데, 이와 같은 상황이 장기간 반복되면 사고능력 자체가 저하될 수 있어 영유아의 영상 매체 시청에는 각별한 주의가 필요하다.

잦은 TV와 영상 시청이 불러오는 더 큰 문제는 아이의 인성 발달에도 영향을 미친다는 사실이다. 2004년, 미국 소아과협의회는 영유아들의 잦은 영상 시청이 ADHD(주의력결핍 및 과잉행동장애) 발병으로 이어진다는 연구 결과를 발표했다. 영유아들의 영상 시청에 관한 연구는 이미 오래전부터 전 세계에서 이루어지고 있는데, 결과는 대체로 비슷하니 꽤 신빙성 있는 연구 결과다.

바람직한 영유아 TV 시청 가이드

많은 엄마가 교육용 프로그램 시청 정도는 괜찮지 않을까 생각하는데, 교육용이라도 똑같은 영상이라는 사실을 기억한다. 만 3세 미만 아이들은 될 수 있는 대로 TV나 영상 매체를 보여주지 않는 게 좋고, 3세 이상 아이도 TV 시청을 지도할 필요가 있다.

① 프로그램 단위로 시청한다

시간 단위로 TV 시청을 제한하는 것도 좋지만, 유아의 시간 개념이 미숙하다는 것을 고려해 하나의 프로그램이 끝날 때까지 시청을 허용하는 것도 방법이다. 아이가 보고 싶어 하는 프로그램을 골라서 시청한 후 스스로 TV를 끌 수 있도록 습관을 들인다.

② 아이를 위한 프로그램으로 선정한다

만약 아이에게 TV 시청을 허용한다면 부모가 직접 유익한 TV 프로그램을 골라주는 것이 좋다. 부모가 미리 콘텐츠를 보고 선정적이거나 폭력적인 요소가 있는지 판단한다. TV를 켠 채로 내버려 둬 아이가 성인 프로그램에 무방비로 노출되지 않도록 늘 주의를 기울인다.

③ 늘 정해진 장소에서 시청한다

TV는 바른 자세로 의자에 앉아서 보게 하고, 의자와 텔레비전의 거리는 최소 3m 이상 떨어진 곳이 적당하다. 또 유아는 아직 시력이 안정되지 않았기 때문에 1시간 이상 TV에 노출될 경우 시력에 부정적인 영향을 줄 수 있으므로 오랫동안 TV를 포함한 영상 전자기기를 보지 않도록 제한한다.

④ 아이가 다른 놀이에 집중할 때는 TV를 켜지 않는다

유아기는 두뇌와 감각 발달이 급격히 이뤄지는 시기로, 아이 스스로 다양한 장난감이나 도구로 놀이 활동을 하는 게 중요하다. 교육적인 프로그램도 영상 매체라면 아이의 두뇌 발달이나 언어 발달에 도움을 주지 못하며, 아이의 언어 능력은 오직 서로의 대화를 통해 발달한다는 사실을 잊지 말자.

⑤ 잠들기 전에는 시청하지 않는다

규칙적인 생활 습관과 충분한 수면은 영유아들의 건강한 발달을 위한 필수 조건이다. 잠들기 전 TV 시청은 뇌를 각성시켜 아이가 잠을 깊이 잘 수 없게 만든다. TV는 낮 동안만 보게 하고, 아이가 잠드는 시간에는 TV를 꺼 조용한 분위기를 만든다. 아이를 재울 때 엄마가 스마트폰을 보는 것도 아이의 잠을 방해하는 요소다.

⑥ 습관적으로 TV를 켜지 않는다

눈을 뜨자마자 습관적으로 TV를 켜는 엄마들이 있다. TV를 켜두는 시간이 많다면 처음에는 하루에 30분씩 TV를 끄는 시간을 정해두고 점점 그 시간을 늘려가는 게 방법. 식사 준비, 청소 등 집안일로 바쁠 때 아이에게 TV를 보여주기 쉬운데, 이는 아이를 TV 시청에 중독되게 만드는 위험한 행동이라는 점을 기억한다.

Check Point
우리 아이 자기결정력 키우기

———

① 아이의 특성과 성격을 존중한다

특성은 바꾸기 힘든 타고난 성향을 의미한다. 아이의 특성이 엄마와 맞지 않으면 아이의 행동을 무턱대고 제지할 때가 많다. 가령 길을 걷다 바닥에 떨어진 물건에 아이가 호기심을 보이면 엄마는 "더러우니까 줍지 마!"라고 말한다. 그러면 아이는 이후 엄마가 어떻게 생각할지를 먼저 고려하고, 엄마가 싫어할 만한 행동은 하지 않으려 한다. 즉 자기결정력이 박탈돼 수동적인 상황을 보이기 쉽다. 이럴 때 "그게 뭐니?"라고 아이의 호기심을 존중하며 아이 스스로 생각할 시간을 준다. 아이 중에도 신중하고 생각이 깊은 아이가 많다. 그림책을 읽을 때 한 페이지만 계속 들여다본다고 "왜 이렇게 늦게 보니?", "다른 책 좀 봐라." 식으로 은연중에 엄마 생각을 주입하는 것도 주의한다.

② 아이의 놀이에 개입하지 않는다

아이가 또래들과 잘 어울리지 못한다는 생각에 엄마가 나서서 친구 장난감을 빌려오거나 말을 걸기도 한다. 이런 잦은 개입은 아이의 자율성을 막고, 습관이 되면 "엄마가 대신 말해줘." 식으로 아이가 엄마에게 의존하게 된다. 아이가 다른 사람과 관계 맺기를 부담스러워하면 사회성 발달에도 부정적인 영향을 미칠 수 있다. 물건을 던지는 등의 폭력적인 상황이 아니라면 엄마가 굳이 나서지 않는 게 좋다. 무슨 일이 생겼을 때마다 무조건 도와주는 건 스스로 할 기회를 주지 않는 것과 마찬가지다.

③ 잔소리 대신 약속을 지키게 한다

아이가 밖에 나갔다 왔을 때 엄마들이 가장 먼저 하는 말이 "손 씻어야지."다. 자기결정력 있는 아이로 키우고 싶다면 '지시'가 아닌 '청유'로 표현한다. 우선 아이가 집에 오면 함께 욕실로 가 손을 씻는다. 이때 우리 손에는 보이지 않는 세균이 많으므로 엄마가 말하지 않아도 집에 오면 제일 먼저 손을 씻어야 한다고 알려준다. 그다음 아이가 밖에서 놀다 왔을 때 "제일 먼저 뭘 하면 좋을까?"라고 묻는다. 아이 스스로 손 씻는 걸 떠올리게 하고, 손을 씻은 후에는 적극적으로 칭찬한다. 행동과 칭찬이 맞물려 반복되면 그다음부터는 아이가 알아서 손을 씻는다.

④ 감시가 아닌 관심을 보인다

엄마의 적절한 관심은 아이의 자존감을 높이는 데도 도움이 된다. 그러나 엄마의 지나친 관심은 자칫 감시로 변질될 우려가 있다. 아이를 감시한다는 건 아이의 잘못을 찾아내고 부정적인 측면을 먼저 본다는 의미다. 그러면 아이는 엄마의 눈치를 보고, 스스로 하기보다는 엄마의 반응에 따라 행동하며, 소극적인 아이가 되기 쉽다. 아이가 혼자 놀고 있을 때 위험한 일이 생기지 않는지 30분에 한 번씩 살펴보는 것처럼 관심을 전제로 한 확인이 적당하다.

⑤ 실수도 존중하고 격려한다

실수했을 때 아이를 윽박지르면 아이가 자신을 하찮게 여기기 쉽다. 다시 핀잔을 듣게 될까 봐 무언가를 시도하는 걸 두려워한다. 엄마로서는 똑같은 실수를 반복하지 않게 하려고 잔소리와 꾸지람을 늘어놓지만, 아이의 실수를 보듬어줘야 아이가 매사에 당당할 수 있다. 실수는 배우는 과정에서 빠질 수 없는 요소이므로 아이가 더 나아지기 위한 과정이라 생각하고 격려해준다.

⑥ 칭찬을 남발하지 않는다

칭찬은 평소 아이의 행동을 살펴보고 관심을 적극적으로 표현하는 것부터 시작한다. 칭찬에 평가가 들어가면 엄마와 아이가 상하 관계가 되므로 "엄마를 도와줘서 고마워." 같이 동등한 관계에서 비롯된 격려가 바람직하다. 밥을 잘 먹었을 때처럼 당연한 일에 대한 칭찬은 바람직하지 않다. 이런 칭찬을 남발하면 아이가 옳고 그른 걸 판단하는 데 걸림돌이 된다.

⑦ 선택권을 주되 결정을 강요하지 않는다

자기결정력의 바탕은 자율성으로, 이는 곧 자기 일을 스스로 판단하고 결정하는 것이다. 저녁 메뉴 선택이나 읽을 그림책을 고르는 사소한 일은 아이 스스로 결정할 수 있게 한다. 중요한 건 선택권을 준 다음의 엄마 태도다. 아이에게 선택권을 주다가도 답답한 마음에 엄마가 선택을 재촉하거나 끼어드는 경우가 많은데, 어른과 마찬가지로 아이도 당황하거나 스트레스를 받으면 쉽게 의사결정을 내리지 못한다. 이때 결정을 강요하면 아이가 쉽게 위축되고 수동적으로 자랄 가능성이 크다. 아이에게 선택권을 줬으면 결정할 때까지 기다려주는 인내가 필요하다. 아이가 선택을 힘들어한다면 2~3가지로 선택의 범위를 좁혀주는 것도 좋은 방법이다.

⑧ 아이를 부정적으로 평가하지 않는다

엄마가 아이를 부정적으로 평가하면 아이는 불안을 느껴 자신의 행동을 크게 제한하게 된다. 의식하든 의식하지 못하든 우리 뇌는 많은 시간을 기억하는데, 부정적인 기억은 아이를 의기소침하게 만든다. 이는 아이가 자신의 감정을 부정하고 상황을 있는 그대로 받아들이지 못하게 한다. 엄마가 별 뜻 없이 던진 농담에 아이가 지나치게 화를 낼 때가 바로 이런 경우다. 또 부정적인 감정은 의지력을 떨어뜨리므로 아이의 행동이 답답하더라도 긍정적인 반응을 보이는 게 먼저다.

⑨ 정리정돈은 스스로 하게 한다

만 3세가 지난 후에도 엄마가 알아서 뒷정리를 해주면 아이는 '뒷정리는 엄마의 몫'이라고 받아들이기 쉽다. 아이에게 정리 습관을 길러주기 위해서는 아이가 자발적으로 치우고 싶다는 생각이 들게 해야 한다. 정리정돈이 익숙하지 않은 아이에게 "이렇게 해."라는 강요보다는 엄마가 본보기를 보여주고 따라하게끔 유도한다. 정리하는 습관은 엄마의 모습을 보고 배운다고 해도 과언이 아니다. 엄마가 하던 일을 마치는 즉시 정리하면 아이도 자연스럽게 정리 습관을 익힌다. 깨끗이 정리하고 나면 칭찬해주고 주변이 깨끗하면 기분이 상쾌해진다는 것을 느끼게 해준다.

⑩ 스스로 탐색할 기회를 준다

넘어져서 다칠까 봐 자전거를 못 타게 하거나 유리 조각이 있을지 모른다고 모래밭에서 놀지 못하게 하는 등 안전을 지나치게 염려하면, 아이는 세상은 온갖 위험한 것으로 둘러싸여 엄마를 제외한 다른 사람들은 믿을 수 없다고 여기게 된다. 아이 스스로 세상을 탐색하고자 하는 호기심을 엄마가 떨어뜨리는 격이다. 안전한 범위 내에서 아이가 호기심을 충족할 수 있게 한다.

2장
growth check

50
가래

———

"가래가 심하면 기관지염이나 폐렴은 물론
기도 폐쇄나 무호흡 등이 일어날 수도 있습니다."

영유아기 아이의 숨소리가 그렁그렁하다면 가래 때문이거나 코가 막혀서일 수 있다. 아이가 가래 끓는 소리를 내면 생리식염수를 끓여서 식힌 물을 코에 떨어뜨린 후 콧물을 살짝 빼주고 나서 숨소리를 들어본다. 콧물을 빼는 것만으로 소리가 덜하다면 가래보다는 코 때문일 가능성이 크다.

단, 확연한 차이가 없다면 청진기로 들어봐야 정확히 알 수 있으므로 소아청소년과에서 진찰을 받아보도록 한다. 가래가 있을 때는 약을 써서 치료하지만, 콧물이 원인이면 신생아나 영아는 특별히 약을 쓰지 않아도 좋아지는 예가 많다.

가래가 심하면 병이 악화된다

정상적으로 분비되는 가래는 점액 섬모 운동과 호흡, 혈관이나 림프관을 통해 제거되거나 흡수된다. 또 많은 가래가 생겨도 보통은 자연적으로 없어지거나 기침만 해도 제거되는 경우가 많다. 하지만 심한 질환으로 인해 몸에서 자연적으로 처리하지 못할 정도로 가래 양이 많고 점성이 높아지면 처리 기능이 약해져 기도 안에 누적되며, 이것이 기관지염이나 폐렴으로 악화할 수도 있고, 심하면 기도 폐쇄나 무호흡 등이 일어날 수도 있다.

점성이 높은 가래보다 묽은 가래가 배출하기 쉽다. 가래를 제거하려면 가래가 잘 배출되도록 묽게 만들고, 기관지 벽에서 쉽게 떨어지게 하고, 하부 기도에서 상부 기도로 이동시켜 기도 밖으로 가래를 내보내는 일련의 과정이 필요하다. 이때 중요한 것은 기도 점막이 항상 촉촉하게 젖어 있어야 한다는 것이다.

그러기 위해서는 수분 공급이 필요한데, 가장 좋은 방법은 물을 많이 마시는 것이다. 심한 폐렴일 때는 가래가 잘 배출될 수 있는 자세를 취하고 특정 부위를 진동하듯이 두드리면 도움이 되는데, 자세와 부위는 아이의 상태에 따라 달라지므로 반드시 의사의 도움을 받아 시도한다.

Q1. 가래는 우리 몸에 나쁘다?

→ 가래는 호흡기에 생기는 끈적끈적한 액체로, 호흡기에 나쁜 것이 들어왔을 때 끈적끈적한 물기에 묻혀 내보내는 일을 한다. 즉, 원래 가래는 우리 몸에서 중요한 역할을 하는 유익한 존재다.

Q2. 가래는 반드시 뱉어내야 한다?

→ 가래의 정상적인 배출 경로는 자신도 모르게 삼킨 다음 위를 거쳐 변으로 내보내는 것이다. 하지만 감기와 같은 질환 때문에 가래가 평소보다 많이 나와 목에 걸리는 듯한 느낌이 들면 의식적으로 뱉게

된다. 아이들은 가래를 뱉을 수 없으므로 삼키곤 하는데, 크게 문제가 되지는 않는다. 다만 가래를 스스로 뱉어낼 수 있는 나이가 되면 삼키기보다는 뱉어내는 것이 좋다.

Q3. 가래도 콧물 뽑듯이 뽑아야 한다?

→ 간혹 가래가 심해 병원에 가서 뽑아달라고 하는 경우가 있다. 그러나 가래는 특수한 경우가 아닌 한 기계로 뽑아내지 않고, 또 기계로 잘 뽑히지도 않는다. 설령 가래를 뽑아냈다고 해서 감기나 호흡기 질환이 더 빨리 낫는 것은 아니다. 가래는 약물치료를 통해 삭히는 것이 가장 좋다.

Q4. 콧물이 넘어가면 가래가 생긴다?

→ 아이들의 경우 콧물이 넘어가서 가래가 생기는 일은 거의 없다. 정상적인 아이는 콧물이 기도로 넘어가면 가래가 생기기 전에 사레가 들어 난리가 난다. 물을 마시다 기도로 잘못 넘어갔을 때 벌어지는 일을 생각하면 이해가 쉬울 것이다. 따라서 콧물이 넘어가 가래가 생긴다는 것은 오해라고 할 수 있다.

51
감기
—

"아이의 감기는 어른 감기와 달라
증상 초기에 병원을 찾는 게 안전합니다."

아이가 감기에 걸렸을 때 잊지 말아야 할 것은 어른의 감기와 아이의 감기는 다르다는 사실이다. 어른은 감기에 걸려도 대개 2~3일 정도면 낫지만, 면역력이 약한 아이는 일주일 이상 계속되는 경우가 많다. 이 같은 아이의 감기 패턴 탓에 "일찍 가봐야 빨리 낫지 않으니 콧물이 노래지면 병원에 가라."고 말하는 엄마들도 종종 볼 수 있는데, 이에 대해 소아청소년과 전문의는 바른 생각이 아니라고 말한다.

아이의 감기는 완전히 낫기까지 시간이 오래 걸리고 빠른 속도로 폐렴, 중이염 등과 같은 감기 합병증으로 이어지는 경우도 많으므로 감기 증상을 보이는 초기에 병원을 찾는 것이 안전하다. 또 아이가 열이 나고 기침과 코가 막혀 잠을 못 자는 등의 증상을 보이면 주저할 것 없이 반드시 병원을 찾아야 한다. 무엇보다 다양한 증상에 따라 적절한 조치가 이뤄져야 아이가 덜 고생하기 때문이다.

① 열이 날 때

열이 나면 경기를 일으킬 수 있으므로 열을 빨리 떨어뜨리는 것이 관건이다. 우선 타이레놀이나 부루펜 같은 해열제를 월령에 맞춰 먹이고, 그래도 열이 떨어지지 않으면 아이 옷을 전부 벗기고 미지근한 물에 적신 수건으로 온몸 구석구석을 가볍게 문지른다. 많은 엄마가 높은 열을 떨어뜨리려면 찬물에 적신 수건으로 닦아줘야 한다고 생각하지만, 찬물이 아이 피부에 닿으면 오히려 몸속 열이 바깥으로 배출되지 않아 몸에 열이 더 오를 수 있으므로 주의한다.

② 콧물이 심할 때

콧물이 심한 아이는 콧물을 수시로 빼주어야 한다. 그렇다고 너무 자주 빼내면 코안의 점막이 마르고 손상될 수 있으니 코가 꽉 막혀 아이가 숨쉬기 힘들어할 때만 한두 번 콧물을 빨아내는 정도가 적당하다. 집에서는 물을 많이 먹이고 가습기를 틀어 실내 습도를 높이는 방법으로 콧물을 다소 맑게 할 수 있으니 참고한다.

③ 기침할 때

몸속에 나쁜 물질이 생기면 그것을 배출하기 위해 몸이 하는 반응이 바로 기침이다. 집 안이 너무 건조하면 호흡기 점막이 자극을 받고 기침이 심해질 수 있다. 아이의 기침이 심하다면 먼저 집 안 습도를 체크한다. 호흡기 점막에 가래가 달라붙으면 원활한 기침이 어려울 수 있으므로 물도 많이 마시게 하는 것이 좋다.

감기약의 목적은 증상 호전이다

감기약의 일차적인 목적은 증상 호전이다. 일찍이 감기 증상을 호전시키지 못해 증상이 더욱 나빠지면 열 경기가 일어날 수도 있고 콧물

200

로 인한 부비강염 같은 2차 감염이 생길 수 있다. 이외에도 심한 기침으로 인해 호흡기 점막이 손상을 입어 폐렴 같은 세균 감염에 취약할 수 있으므로 감기에 걸리면 약을 먹이는 것이 좋다.

물론 감기는 바이러스 질환이기 때문에 1~2주가 지나면 저절로 좋아지는 가벼운 감기의 경우 약을 먹지 않고도 이겨낼 수 있다. 문제는 2차 감염이다. 감기에 걸린 아이는 대개 면역력이 매우 떨어진 상태라 2차 감염에 걸릴 가능성이 크기 때문에 되도록 2차 감염으로 발전하기 전에 약을 먹여 증상을 호전시키는 것이 좋다. 아이가 약을 토하거나 먹지 못할 때는 좌약이 도움 될 수 있으나 먹이는 약보다 효과적이지는 않다.

Plus Tip - *항생제는 꼭 먹여야 하나요?*

감기약은 그렇다 쳐도 항생제를 먹여야 하는 엄마는 걱정이 많다. 항생제를 먹으면 내성이 생겨 계속해서 더 센 약을 써야 한다는 이야기 때문이다. 항생제는 감염 질환의 원인인 세균을 선택적으로 억제하거나 죽이는 역할을 한다. 세균성 염증 치료에 강력한 효과가 있어 '~염'이라 불리는 아이들의 질병에 사용한다.

항생제의 가장 큰 부작용이 바로 '내성'이라는 사실은 맞다. 우리 몸속 세균에 내성이 생겨 다음에 같은 내성균을 만난 아이는 결국 더욱 강력한 또 다른 항생제 처방을 받게 된다. 하지만 안타깝게도 항생제는 병 치료를 위해 꼭 필요하다. 필요한 시점에 항생제를 쓰지 않으면 세균 감염으로 인한 합병증이 생겨 자칫 심각한 병으로 이어질 수 있기 때문이다.

또 하나 알아야 할 것은 증상이 호전되었다고 항생제 복용을 중단하면 안 된다는 사실이다. 완치되지 않은 상황에서 항생제를 끊으면 병이 재발할 우려가 크고 원인균에 내성이 생겨 나중에 치료해도 잘 낫지 않을 확률이 높아진다. 따라서 완전히 나을 때까지 항생제를 투여하는 것이 바람직하다. 항생제를 어떻게 투여할지는 의사의 재량이므로 항생제 때문에 고민이라면 약 처방 전 의사와 충분한 상담을 하도록 한다.

52
감기 합병증

"감기에 걸리면 중이염, 부비강염 같은
합병증이 생기지 않도록 조기 치료가 중요해요."

어른들은 저항력이 있으므로 감기에 걸려도 2~3일 정도 치료하면 대개 좋아진다. 또한, 한 번 걸리면 스스로 면역성을 만들어 2~3주 동안은 다시 감기에 걸릴 걱정을 하지 않아도 된다. 그러나 아이들은 다르다. 일단 감기에 걸리면 보통 일주일 이상 가는 경우가 많고, 여러 번 반복해서 걸리거나 합병증으로 두세 달씩 아프기도 한다.

감기에 걸리면 중이염, 부비강염 같은 합병증이 생기지 않도록 예방하고 조기에 치료하는 것이 중요하다. 그러나 감기를 치료한다고 해서 합병증이 다 예방되는 것은 아니다. 합병증은 어쩔 수 없이 생기는 병으로 나중에 발견되기도 하고, 치료하는 중간에 생기기도 한다. 감기를 치료하지 않을 때 합병증이 생길 확률을 100이라 한다면, 제대로 치료했을 때의 발병률은 20이라 할 수 있다. 그 때문에 우선 감기 치료를 열심히 하고, 그래도 합병증이 생겼을 때는 각각의 병증에 맞는 치료를 따로 해야 한다.

① 고막에 고름이 생기는 중이염

감기만 걸렸다 하면 어김없이 중이염에 걸리는 아이들이 있다. 감기에 걸리면 이관을 덮고 있는 점막들에 염증이 생겨 붓기 때문이다. 이로 인해 이관이 막혔다 뚫렸다 하는데, 이관이 막히면 물이 고이고 균이 침입해 중이염이 생긴다. 더구나 코를 풀면 코안의 압력이 높아지면서 귀와의 압력 차이가 더 생겨 중이염이 더 잘 생기기도 한다.

일반적으로 4세 미만 아이에게서 중이염이 쉽게 나타나며, 돌 전 한 번이라도 중이염에 걸린 아이들은 3세 전에 다시 중이염에 걸릴 확률이 높다. 아이가 중이염에 걸렸다면 몇 가지 주의할 점이 있다.

① 코를 풀 때 조심한다

코를 풀 때는 한쪽 코씩 풀어 귀로 가해지는 압력을 줄인다.

② 집 안을 깨끗이 한다

코와 목을 자극하는 먼지가 생기지 않게 하는 것이 좋다. 가습기를 이용해 실내 습도를 높이는 것도 중요하다.

③ 병원을 자주 옮기지 않는다

중이염 치료의 근본은 항생제 치료다. 1~2주 다녀서 낫지 않는다고 병원을 바꾸지 않도록 한다. 병원을 바꿔 다니며 항생제를 중단하고 바꾸기를 반복하면 내성이 생겨 치료가 힘들어진다.

② 콧물과 기침이 심한 축농증

축농증은 코뼈 양옆에 있는 부비강이라는 동굴에 염증이 생긴 것을 말한다. 부비강은 촉촉하게 젖은 섬모로 덮여 있고 공기가 차 있는 공간인데, 감기나 비염이 오래가 부비강에 염증이 생기면 고름이 고여 축농증이 생길 수 있다. 많은 엄마가 누런 코만 나오면 무조건 축농증이라고 생각하는데, 사실 아이들의 축농증은 두 돌이 지나야 걸리는 경우가 많고 더군다나 아이들이 쉽게 걸리는 병은 아니다.

또한, 축농증 때문에 생기는 누런 코는 코 밖으로 나오기보다는 코 위로 들어가는 경우가 더 많다. 단순히 기침을 많이 하고 누런 코가 나온다고 해서 모두가 축농증은 아니라는 말이다. 단, 다음과 같은 경우에는 축농증을 의심하고 바로 소아청소년과를 찾아야 한다.

□ 두 돌 지난 아이가 밤낮으로 기침을 계속 심하게 할 때.
□ 누런 코가 10일 이상 계속될 때.
□ 아이의 눈 주위가 온종일 부어 있을 때.
□ 두통을 호소하며 빛을 보면 눈이 부시다고 할 때.

Plus Tip - 폐렴은 감기 합병증인가 다른 질환인가?

흔히 감기가 심해지면 폐렴이 온다고 생각하는데, 맞는 말이기도 하고 틀린 말이기도 하다. 폐렴은 기관지와 폐 조직에 염증이 생기는 병으로 가래가 많고 기침이 심한데, 유독 밤에 기침이 심한 경향이 있다. 감기를 오래 앓으면서 증상이 심해지면 감기 합병증으로 폐렴이 오기도 하지만, 호흡기 질환인 감기와는 별개로 처음부터 폐렴이 생기기도 한다.

소아 폐렴을 예방하려면 감기에 걸렸을 때 땀을 흘리며 자지 않게 하는 것이 좋다. 땀을 흘리며 자다가 새벽에 땀이 식으면 기침이 심해지는 경우가 많으므로 실내 온도를 낮추고 물을 많이 마시게 한다. 물은 가장 좋은 기관지 약으로, 기침으로 인해 기관지가 예민해질 때는 평소보다 더 많은 물을 마시게 한다.

53
구취

*"아이의 입 냄새는 입안이 건조하다는 뜻으로
침이 마르는 원인부터 찾아보세요."*

입 냄새가 나는 이유는 크게 입안의 원인과 다른 원인으로 나눌 수 있는데, 이 가운데 약 90%가 입안의 원인 때문이다. 즉, 대부분의 입 냄새는 입안의 세균으로 인한 것이다. 입안의 위생 불량은 입 냄새의 가장 큰 원인으로 세균이 많이 서식하는 혀, 치아와 치아 사이, 잇몸에서 주로 냄새가 난다. 음식물이 잇몸에 낀 경우에도 냄새가 날 수 있다. 그 밖에 충치, 잇몸병, 구강 건조증, 불량한 보철물, 입안 상처나 궤양 등이 있을 때도 입 냄새가 날 수 있다.

입 냄새는 강도의 차이는 있으나 어른의 절반가량이 가지고 있을 정도로 흔한데, 아이들에게는 입 냄새가 잘 나지 않는 게 보통이다. 아이들은 침이 많이 나와 구강이 어른보다 청결하기 때문이다. 그런데도 아이에게서 입 냄새가 난다면 입이 건조하다는 뜻으로, 침이 마르는 어떤 원인이 있는지 살펴보도록 한다.

아이들의 경우 코가 아닌 입으로 숨을 쉬면서 입이 마르는 경우가 많다. 주로 비염이나 축농증일 경우 입으로 숨을 쉬고, 습관적으로 입으로 숨을 쉬거나 기형으로 인해 입으로 숨을 쉬기도 한다. 입안이 청결한지도 살펴봐야 한다. 주로 혀와 치아에 세균이 많이 번식하므로 양치할 때 치아뿐만 아니라 혀도 깨끗이 닦는 습관을 들인다.

구강 내 질환도 없고 위생관리를 철저히 하는데도 계속 입 냄새가 난다면 원인이 몸속에 있을 가능성이 크다. 감기, 비염, 축농증 같은 질환이 있어 코가 막히거나 콧물이 뒤로 넘어가면 입 냄새가 날 수 있다. 또 식도나 위장 같은 소화기에 문제가 생긴 경우, 설사로 인한 탈수나 당뇨 등이 있어도 입 냄새가 난다. 질병으로 인한 입 냄새는 입안을 아무리 청결하게 관리해도 제거되지 않으므로 근본 원인인 질병을 찾아 치료해야 한다.

양치질만 잘해도 입 냄새를 잡을 수 있다

입 냄새를 없애려면 가장 먼저 구강 위생에 신경을 써야 한다. 양치질을 제대로 하고 있는지 확인하고, 식사 후에는 물을 충분히 먹이는 것이 좋다. 또 질병이 생기지 않도록 평소 비타민이 풍부한 제철 과일과 채소 섭취로 면역력을 높여준다. 침이 마르지 않도록 입을 다물고 코로 숨 쉬는 습관을 갖도록 돕고, 입술을 다물고 아랫니와 윗니를 딱딱 부딪치는 고치 운동을 통해 침 분비를 자극하면 도움이 된다.

아이들은 양치만 제대로 해도 입 냄새를 잡을 수 있다. 나이에 따라 이 닦는 방법이 다르니 나이에 맞는 양치 방법으로 아이의 구강 위생을 지켜준다.

① 유치가 나기 전

유치는 평균 생후 6개월경에 나기 시작한다. 이가 나기 전에는 이를 닦을 필요가 없지만, 나중에 이 닦는 것에 미리 적응시키기 위해 거즈로 잇몸을 닦아주는 연습을 하는 것도 좋다.

② 생후 24개월까지

이가 나고부터 24개월까지는 치약을 사용하지 말고 이를 닦아주면 된다. 처음에는 손가락에 끼워 쓰는 실리콘 고무로 닦아주다가 나이에 맞는 어린이용 칫솔로 바꿔 이를 닦아주면 된다.

③ 만 2세 이후

이때부터는 치약을 조금씩 사용해서 이를 닦아준다. 치약을 뱉지 못하는 아이들의 경우 불소가 들어 있지 않고 먹어도 되는 치약을 사용해 닦아준다.

④ 만 4세 이후

불소가 들어간 치약으로 양치를 해야 하며, 아이가 직접 이를 닦게 해도 좋다. 단, 부모가 이 닦는 모습을 지켜보며 아이가 제대로 닦고 있는지 확인한다.

Q1. 꼭 불소가 들어 있는 치약을 사용해야 하나요?

→ 사실 이를 닦는 것 자체로는 충치를 거의 예방하지 못한다고 봐야 한다. 이를 완벽하게 닦기란 불가능하기 때문이다. 충치를 예방하는 방법은 치아에 불소를 발라주는 것이므로 불소가 들어간 치약을 사용해야 한다. 단, 불소가 함유된 치약은 반드시 스스로 뱉을 능력이 되는 아이들만 사용하게 한다.

Q2. 칫솔질은 어떤 방향으로 해야 하나요?

→ 이를 닦는 것은 치약을 넓게 펴서 치아에 발라주는 것으로 생각

하면 된다. 칫솔을 좌우로 문지르는 횡마법이나 둥글게 원을 그리며 문지르는 묘원법으로 칫솔질을 하면 된다.

Q3. 양치질은 꼭 하루에 세 번 해야 하나요?

→ 꼭 세 번을 지킬 필요는 없다. 미국 소아치과학회에서는 하루에 두 번 닦는 것을 권장한다.

Q4. 혀는 어떻게 닦아주나요?

→ 칫솔로 문질러주어도 되지만 혀 클리너를 사용하면 편리하다.

Q5. 치실은 언제부터 사용해야 하나요?

→ 언제부터 사용해야 한다는 지침은 없다. 아이가 자발적으로 입을 벌릴 수 있는, 대략 만 2세 이후에 사용하면 적당하다. 충치가 잘 생길 수 있는 어금니 사이 부분과 위쪽 앞니 사이에 사용하는 것이 좋고, 하루에 한 번 정도 해주면 된다.

54
급성 폐쇄성 후두염

"감기를 예방하는 생활 습관이
곧 급성 폐쇄성 후두염를 예방하는 길이기도 합니다."

급성 폐쇄성 후두염은 다른 말로는 '크루프'라고 한다. 바이러스에 감염돼 후두 부위에 염증이 생기는 병으로 주로 1~5세 아이에게서 나타나며, 5세 미만 소아 1백 명 중 3명 정도에서 발생하는 흔한 질환이다. 급성 폐쇄성 후두염의 대표적인 증상은 '컹컹'하는 기침 소리다. 숨을 들이마실 때 '꺽꺽' 소리가 나기도 하고, 숨이 차고 목이 쉬는 증상을 보인다.

기침 때문에 감기와 혼동하기 쉬운데 급성 폐쇄성 후두염과 감기는 다른 질환이다. 감기는 코와 목에 증상이 생기는 데 반해 후두염은 말 그대로 후두에 염증이 생긴다. 다만 감기를 앓다가 후두염으로 진행되는 경우가 많으므로 감기에 걸리면 다른 질환으로 발전하지 않는지 진행 상황을 지켜보아야 한다.

급성 폐쇄성 후두염은 치료 방법도 감기와 크게 다르다. 감기는 증상을 줄이기 위해 대증요법을 사용하지만, 급성 폐쇄성 후두염은 스테로이드로 치료한다. 또 기도의 즉각적인 폐쇄 증상을 완화하기 위해 에피네프린 흡입 치료를 하기도 한다. 급성 폐쇄성 후두염은 치료 중에도 2~3일간은 증세가 아주 심해지는 모습을 보인다. 완치되더라도 2~3년간은 겨울만 되면 재발하기도 한다.

모든 병이 대개 밤에 증상이 심해지는 경향이 있는데, 후두염은 특히 낮과 밤의 증상 차이가 심한 편이다. 보통 밤 11시에서 새벽 2시 사이에 가장 기침을 많이 하고 힘들어하는데, 낮에는 언제 그랬냐는 듯 멀쩡히 놀기도 한다. 이때 멀쩡해 보인다고 해서 병원에 데려가지 않고 그대로 두면 밤에 더욱 심하게 고생할 수 있다. 전날 밤에 기침을 심하게 했다면 다음 날 오전에 반드시 소아청소년과를 방문해 진료를 받아야 한다.

집 안의 습도 조절이 무엇보다 중요하다

급성 폐쇄성 후두염은 기침이 주요 증상이기 때문에 기침이 완화되도록 집 안의 습도를 조절하는 것이 좋다. 아이의 후두가 건조해지지 않도록 가습기를 틀고, 아이가 숨 쉬는 걸 몹시 힘들어하면 목욕탕에 뜨거운 물을 받아 김을 자욱하게 낸 다음 아이를 앉혀놓고 김을 쐬어주는 것도 좋다. 증상이 좋아지면 방으로 데려와 아이를 눕히고 다시 가습기를 틀어준다.

뜨거운 김을 쐬었는데도 증상이 좋아지지 않는다면 창문을 열고 신선한 바람을 약간 쐬어주는 것도 도움이 된다. 만약 위의 방법을 다 해봤는데도 아이의 증상이 좋아지지 않고 숨이 많이 차는 것 같으면 바로 응급실로 가 적절한 조치를 받도록 한다.

급성 폐쇄성 후두염은 감기와 바이러스 종류가 다를 뿐 둘 다 호흡기 바이러스가 원인이라 감염 양식이 거의 비슷하다. 직접 감염, 비말 감염, 공기 감염으로 전염되기 때문에 감기를 예방하는 생활 습관이 곧 후두염을 예방하는 습관이라고 보면 된다.

기침 소리로 감기와 다른 질환 구분하기

기침하고 콧물이 난다고 해서 모두 감기는 아니다. 질환이 다르면 치료법도 달라지므로 아이의 기침 소리가 이상하다면 다른 질환이 아닐까 의심해보고, 소아청소년과를 찾아 정확히 진단받고 치료해야 한다.

① 쌕쌕거리는 기침 → 모세기관지염

만 2세가 안 된 아이들은 모세기관지염에 잘 걸린다. 모세기관지염에 걸리면 쌕쌕거리고 기침을 심하게 하며 가래와 콧물을 보인다.

② 쇳소리가 나는 기침 → 기관지염

그릇이 깨지는 소리와 비슷한 쇳소리가 나는 기침. 기관지에 염증이 생기는 병으로 휴식과 충분한 수분 섭취, 습도 조절이 가장 중요하다.

③ 경련성 기침 → 백일해

백일해는 백일해균이라는 박테리아가 호흡기에 침입해서 생기는 급성 호흡기 전염병으로 경련성 기침을 심하게 하는 것이 특징이다. 일단 걸리면 완전히 낫기까지 6~10주가량 걸리며 진행을 막을 방법은 딱히 없다. 다만 요즘은 예방접종을 철저히 해 백일해에 걸리는 아이가 거의 없다.

④ 새벽에만 하는 기침 → 알레르기, 축농증, 천식 등

아이가 낮과 밤에는 괜찮은데 새벽과 아침 무렵에만 기침을 심하게 한다면 병원을 찾아 진찰을 받아야 한다. 단순 감기일 수도 있으나 알레르기나 천식, 축농증 등의 다른 병이 있을 수도 있다.

55
다중지능
———

"우리 두뇌는 자유롭고 독립적인 체계의
8가지 지능을 가지고 있어요."

　다중지능은 미국 하버드대학의 하워드 가드너 교수가 처음 발표한 이론이다. 그의 말에 따르면 모든 사람은 다양한 지적 능력을 지니고 있는데 이것을 모두 지능이라고 할 수 있으며, 각자가 가지고 있는 다양한 재능이 바로 지능이라는 것이다. 그는 이 각각의 지능 모두 자유롭고 독립적인 체계로 우리 두뇌에 존재한다고 주장한다.

　개인마다 정도의 차이는 있지만 모두 언어 지능, 논리·수학 지능, 공간 지능, 신체·운동 지능, 대인 관계 지능, 자기 이해 지능, 음악 지능, 자연 친화 지능 등 8가지 지능을 가지고 있다. 다시 말하면 자신이 잘하고 좋아하는 것이 더 높은 지능으로 나타날 뿐 - 셈을 잘하는 아이, 피아노를 잘 치는 아이, 말을 잘하는 아이 등 - 누구나 위의 8가지 지능을 가지고 있으므로 당장은 소질이 없어 보여도 발전 가능성이 있다는 의미다. 어린 자녀를 둔 부모들의 이목이 다중지능에 쏠리는 이유도 여기에서 찾을 수 있다.

다른 지능보다 상대적으로 높은 지능을 그 사람의 강점 지능, 상대적으로 낮은 지능을 약점 지능이라고 한다. 그렇다면 내 아이의 강점 지능은 무엇일까. 내 아이의 강점 지능을 정확하지는 않지만 비교적 간단히 알아보는 방법이 있다. 아이가 집에서 한가로이 있을 때 주로 하는 활동, 재미있어하는 활동, 자주 하는 활동 등이 자녀의 강점 지능과 관련이 깊다.

① 언어 지능

단어의 소리, 리듬, 의미에 대한 감수성이나 언어 기능에 대한 민감성과 관련된 능력이다. 언어 지능이 높은 사람은 토론 시간에 두각을 나타내고 끝말잇기, 낱말 맞히기 등을 잘한다. 이 지능은 글을 쓰는 능력과도 연관된다.

② 논리·수학 지능

추상적 관계를 응용, 판단하고 수와 논리적 사고를 사용하는 능력을 말한다. 논리적 문제나 방정식을 푸는 데 능하다.

③ 신체 운동 지능

운동 감각, 균형, 민첩성 등을 조절할 수 있는 능력으로 생각이나 느낌을 글이나 그림보다 몸동작으로 표현하는 능력이 뛰어나다. TV에서 몇 번 본 춤을 쉽게 따라 하거나 무용이나 연극 등에서 두각을 나타내는 사람들 역시 신체 운동 지능이 높은 경우가 많다.

④ 공간 지능

시공간적 세계를 정확하게 인지하며 3차원 세계를 잘 변형시키는 능력으로 색깔, 선, 모양, 형태, 공간 요소의 관계를 잘 파악한다. 특정 공간에 무엇이든 적절하게 배치한다.

⑤ 음악 지능

음악에 대한 전반적인 이해와 음에 대한 지각력, 변별력, 변형 능력, 표현 능력을 가리킨다. 소리나 리듬, 진동 같은 음의 영역에 민감하고, 사람의 목소리와 같은 언어적 형태의 소리뿐 아니라 소음이나 동물 울음 같은 비언어적 소리에도 예민하게 반응한다.

⑥ 대인 관계 지능

다른 사람과 교류하고 그들의 행동을 해석하는 능력을 의미한다. 사람의 기분, 감정, 의향, 동기 등을 인식한 후 감각적으로 구분할 수 있고 표정, 음성, 몸짓 등 눈에 보이는 정보뿐 아니라 비언어적인 다양한 힌트, 신호, 단서, 암시 등을 재빨리 변별해 효율적으로 대처한다. 친구들이 많이 따르고 모임을 주도한다.

⑦ 자연 친화 지능

자연현상에 대한 유형을 규정하고 분류하는 능력과 주변 환경의 특성을 고려해 일을 처리하는 능력을 뜻한다. 동식물 채집은 물론 나뭇잎의 모양이나 크기, 지형 관찰 등을 좋아하고 종류별로 잘 분류한다. 자연 친화적 성향이 강하다.

⑧ 자기 이해 지능

자신을 이해하고 느낄 수 있는 인지적 능력으로 대인 관계 지능과 비슷하다. 자신의 객관적인 장단점 파악은 물론 기분, 의도, 동기, 욕구 등을 스스로 깨닫고 자기가 처한 문제를 해결하기 위해 사용한다. 한마디로 어떤 분야에 능력이 있고 무엇을 하고 싶은지 스스로 아는 것으로 자아존중감이 높다.

56
더딘 성장

"잘못된 식습관, 늦은 취침 시간,
과도한 운동은 아이의 성장에 방해가 돼요."

　전문가들이 말하는 성장이 더딘 아이는 키나 체중이 100명 중 95 등에 해당하는 경우다. 갑작스럽게 50등에서 90등으로 떨어지는 등 급격한 성장 부진도 기준이 된다. 표준보다 키나 체중이 20% 이상 적어도 성장이 더디다고 말한다. 유전적으로 성장이 더딘 사례도 있는데 잘 먹고, 잘 자고, 잘 노는 아이는 대개 건강하게, 또래보다 너무 뒤처지지 않게 잘 자란다. 유독 성장이 더딘 아이라면 다음 세 가지가 원인일 가능성이 크다.

① 잘못된 식습관

　식습관은 아이의 성장과 가장 밀접한 관련이 있으므로 올바른 식습관을 길러주는 것이 무엇보다 중요하다. 가장 먼저 해야 할 일은 아이에게 식사가 즐거운 일이라는 생각을 심어주는 것이다. 그러기 위해서는 강제로 먹여서는 절대 안 된다. 아이들의 식욕이 항상 같은 것은 아니며, 별다른 문제가 없어도 잘 먹지 않을 때가 있으니 아이가 잘 먹지 않는다면 그냥 먹지 않게 둔다. 억지로 먹이면 길게 내다봤을 때 아이의 식욕부진을 부추기게 되고, 결국 아이의 성장을 방해한다는 것을 명심한다. 식사시간을 제한하고 그 이후엔 밥을 치우는 것도 좋은 방법이다.

② 늦은 저녁 식사와 취침 시간

많이 잔다고 잘 크는 것이 아니라 언제 자는지가 중요하다. 자정쯤 자서 아침 10시에 깬다고, 혹은 낮잠을 많이 잔다고 안심해선 안 된다. 아이들의 올바른 수면 시간대는 오후 8시부터 다음 날 아침 6시까지 10시간이다. 아이에게 가장 중요한 성장 호르몬이 이 시간대에 가장 많이 분비되고, 일찍 일어나면 성장에 꼭 필요한 아침을 먹게 된다. 한밤중에 저녁 식사를 하고 잠자리에 드는 것도 성장기 아이에게는 독이다. 밤늦게 식사를 하면 위장에 혈액이 모여 깊은 잠을 이룰 수 없고 성장 호르몬도 잘 분비되지 않는다.

③ 과도한 운동량

잠을 잘 자고 식욕을 돋우는 가장 좋은 방법은 바로 운동이다. 땀을 흘릴 만큼 운동을 하면 몸 상태가 좋아지고 공복감을 쉽게 느끼는 것은 어른도 마찬가지. 그러나 마른 아이의 경우 많이 움직이면 오히려 식욕부진으로 이어지기 쉽다. 아이들은 지나치게 많이 움직이면 쉽게 흥분하는데, 정신적으로 흥분하면 배고픈 것도 잊기 때문이다. 식사하기 일정 시간 전부터는 아이가 너무 많이 뛰어놀지 않도록 유도하고 안정시키는 것이 좋다.

나이별 신경 써야 할 영양 섭취 방법

① 생후 6~12개월

생후 12개월까지의 이유식은 철분 공급과 고형식의 맛이나 감각을 익히기 위한 것이므로 지나친 욕심을 부리지 않는다. 이유식을 시작하는 시기에 많이 나타나는 식욕부진의 원인은 철분 부족과 새로운 음식으로 인한 식욕 감퇴인 만큼 이 시기에 음식을 강요하면 체중을 감소시키는 주원인이 된다.

② 생후 12~36개월

돌이 지나면 우유나 두유는 서서히 줄여 400cc 정도만 먹이고 나머지 영양소는 밥이나 반찬을 통해 섭취할 수 있게 한다. 생후 12개월 이후부터는 음식에 대한 호불호가 나타나므로 무조건 편식은 나쁘다고 하지 말고 아이가 좋아할 수 있는 음식으로 영양의 균형을 맞춘다. 혈액과 근육을 구성하는 단백질, 활동력과 체온의 근원이 되는 탄수화물과 지방, 몸의 상태를 조절하는 비타민이 결핍되지 않도록 신경 쓰면서 식사량보다는 영양의 질을 중요하게 따져 아이에게 공급한다.

57
땀

"땀이 나는 상황만 잘 살펴도
아이의 건강 상태를 알 수 있습니다."

아이들은 특별한 문제가 없어도 땀이 많이 나는데, 유독 땀을 많이 흘린다면 원인은 크게 두 가지에서 찾아볼 수 있다. 먼저 땀구멍의 수다. 아이의 몸은 어른보다 훨씬 작지만, 어른과 마찬가지로 약 2백만 개의 땀구멍을 가지고 있다. 같은 양의 땀이 나더라도 면적이 달라 아이에게서 나는 땀이 훨씬 더 많아 보이는 것이다.

또 하나의 이유는 아이의 신진능력 대사를 들 수 있다. 아직 무엇이든 불완전한 아이는 체온 조절 능력은 미숙한 데 반해 신진대사 기능은 훨씬 활발하다. 그 때문에 조금만 더워도 체온이 쉽게 올라간다. 사람의 몸은 늘 평균 체온을 유지하려 하기에 올라간 체온을 내리기 위해 자연히 땀의 양이 많아진다.

한의학에서는 아이들의 특성을 '순양지체(純陽之體)'라고 표현한다. 아이는 순수한 양기를 가득 담고 있는 존재라는 뜻으로 여기서 말하는 양기는 곧 열을 의미한다. 열기를 가득 품고 있다 보니 열 발산을 위해 적절한 양의 땀을 흘리게 된다는 것이다. 다만 조금만 움직여도 땀이 비 오듯 흐른다거나, 잠이 든 지 1시간밖에 안 됐는데 베개와 이불이 흠뻑 젖을 정도로 땀이 나는 등 또래보다 과도하게 땀을 흘리면 체질적인 불균형으로 건강상에 문제가 있다고 본다.

속 열이 유독 많은 아이가 몸속 열기를 식히기 위한 노력으로 땀을 흘리는데, 이런 체질의 아이들은 특히 열기가 식는 밤 시간, 자는 동안에도 땀이 많은 것이 특징이다. 폐의 기운이 허약한 아이들도 땀이 많다. 폐는 호흡으로 들어온 좋은 기운이 몸에서 잘 순환할 수 있도록 돕는데, 폐의 기운이 허약한 경우 피부에서 땀구멍을 열었다 닫았다 조절하는 기운이 약하므로 땀을 많이 흘리게 된다고 한다, 주로 활동할 때 전신에서 땀이 많이 흐르는 것이 특징이다.

| CASE 1 | 우리 아이는 머리에만 땀이 많아요.

→ 시원한 환경을 만들어주세요

머리는 우리 몸에서 양기가 가장 많이 모여 있어 가장 먼저 땀이 나는 곳이다. 특히 체질적으로 열이 많은 아이라면 머리에서 땀이 많이 난다. 그러나 기력이 떨어진 게 아니라면 크게 걱정할 필요는 없다. 평소 실내 온도를 선선하게 유지해 아이가 시원한 환경에서 지내도록 해주고, 속 열을 풀어주는 데 도움이 되는 시금치, 당근, 오이 등의 녹황색 채소를 자주 챙겨 먹이는 것이 좋다. 반신욕이나 족욕 등으로 가슴 아랫부분을 따뜻하게 해 머리 쪽에 몰려 있는 열기를 자연스럽게 풀어주는 것도 도움이 된다.

| CASE 2 | 땀에서 이상한 냄새가 나요.

→ 평소에 물을 자주 먹이세요

똑같이 땀을 흘려도 유독 체취가 강한 아이가 있다. 땀에서 쉰내가 난다고 표현하기도 하는데, 이는 땀의 농도 차이로 일어나는 현상이다. 땀은 99%가 물이고 나머지는 나트륨, 염소, 칼륨, 질소 함유물, 젖산, 요소 등으로 이루어져 있다. 체내 수분량이 부족한 상태에서 땀을 많이 흘리면 그만큼 땀을 구성하는 물의 양이 적어 냄새가 심해진다. 즉, 속 열이 많은 아이일수록 땀 냄새를 심하게 풍긴다. 체내 수분량이 부족하지 않도록 평소 수분 섭취를 늘리고 속 열을 내려주는 것이 좋다.

| CASE 3 | 베개가 푹 젖을 정도로 잘 때 땀을 많이 흘려요.

→ 잠든 지 1~2시간 이내에 흘리는 땀은 정상이에요

아이들은 잠이 들면서 낮 동안 쌓인 열기를 풀어내므로 잘 때 머리 쪽에서 땀이 많이 난다. 대개 잠든 직후부터 1~2시간 이내에 땀을 많이 흘리는데, 이것은 정상적인 땀이다. 만약 잠든 내내 땀을 많이 흘린다면 실내 온도가 너무 높지 않은지, 옷이나 이불이 두꺼운 것은 아닌지, 아이가 열이 나는 것은 아닌지 살펴본다.

| CASE 4 | 조금만 움직여도 땀을 뻘뻘 흘려요.

→ 기를 채워주세요

움직임이 많은 것도 아닌데 땀을 줄줄 흘리면서 기운이 없고 힘들어한다면 양기가 부족해서다. 기력이 약해져 땀구멍의 조절 기능이 불안정해지면 필요 이상으로 땀을 흘리고 체력도 같이 떨어진다. 이런 아이들은 기운을 북돋워 주는 황기나 인삼 등이 도움이 된다.

| CASE 5 | 계절에 상관없이 항상 땀을 흘려요.

→ 속 열이 많은 경우로 자주 열을 식혀주세요

활동량과 관계없이 항상 땀을 흘리고 얼굴이 잘 붉어지는 아이, 더위를 많이 타는 아이라면 속 열이 많아 땀을 흘리는 경우다. 이때는 석고나 생지황 등으로 열을 식혀주는 치료를 받는 것이 좋다.

| CASE 6 | 시도 때도 없이 식은땀을 흘려요.

→ 이상 질환이 있는지 살펴보세요

식은땀은 정신적으로 긴장하거나 몸이 허약해져 날씨가 덥지도 않은데 순간적으로 흘리는 땀을 말한다. 지속해서 또는 자주 식은땀을 흘리거나 쉽게 피로를 느끼는 경우, 불안증, 체중 감소 등의 전신 증세가 같이 나타날 때는 몸에 이상 질환이 있는지 살펴보고 그에 따른 치료를 받아야 한다.

58
머릿니

———

"머릿니를 없애는 것도 중요하지만
머릿니의 흡혈로 인해 생긴 두피의 상처 치료도 중요합니다."

곤충이자 절지동물인 머릿니는 전 세계에 살고 있다. 머리카락에 살며 두피에서 피를 빨아먹는다. 몸길이는 약 2.5~3㎜로, 배는 매우 크고 머리카락과 옷의 섬유를 잡기 위해 날카로운 발톱이 달린 다리가 있다. 알은 길이 1㎜, 폭 0.5㎜로 아주 작은데, 머릿니의 암컷은 '서캐'라고 불리는 알을 머리카락에 낳는다. 알은 일주일 정도 지나면 부화하고 애벌레로서 약 20일을 지낸다. 이후 어른벌레가 되는데, 한 달가량 살며 3백 개 정도의 알을 낳는다.

머릿니는 열에 약하고 사람에게서 떨어지면 얼마 살지 못한다. 따라서 뜨거운 물로 목욕을 자주 하고 옷을 자주 갈아입으며, 빨래를 자주 하면 기생을 막을 수 있다. 머릿니는 그 자체로 가려움증을 동반하기도 하지만 발진티푸스, 참호열, 재귀열 등의 질병을 옮기기도 한다.

머릿니 치료제는 샴푸 타입이 좋다

머릿니를 치료하는 민간요법으로 식초에 머리 감기, 술에 머리 감기, 머리에 살충제 뿌리기, 소독용 훈증 제품 연기 머리에 쐬기 등이 알려져 있는데, 이는 검증되지 않은 방법이므로 될 수 있는 대로 삼가는 것이 좋다. 머릿니를 없애는 것 자체도 중요하지만, 머릿니의 흡혈로 인해 생긴 두피의 상처 치료 역시 중요하기 때문이다.

머릿니를 없애는 가장 좋은 방법은 머릿니 치료제를 사용하는 것이다. 다만 머릿니 치료제 중 린단 성분은 환경호르몬으로 분류되는 맹독성 살충제이기 때문에 사용 시 세심한 주의를 기울여야 한다. 또한, 머릿니 치료제를 일반 의약품처럼 가볍게 생각하고 계속해서 사용해서는 안 된다. 머릿니 치료제를 살 때는 되도록 분무 형태나 뿌리는 살충제는 피하고 샴푸 타입 제품을 선택하는 것이 좋다.

2세 미만 아이들은 머릿니 치료제를 사용하기 전에 반드시 의사나 약사와 상의해야 한다. 간혹 머릿니가 눈썹이나 속눈썹에 붙어 있기도 한데, 이때는 반드시 눈을 가리고 약을 사용하되 될 수 있는 대로 눈 주위에는 사용하지 않는 것이 좋다.

머릿니 예방을 위해서는 청결이 최우선

머릿니 전염을 예방하기 위해서는 공동생활에 주의해야 한다. 머릿니가 있는 아이와의 신체 접촉을 피하고, 감염자가 사용한 빗이나 수건, 모자 등을 함께 사용하지 않도록 한다. 젖은 머리는 머릿니가 활동하기 좋은 상태로 밤에 머리를 감았다면 물기 없이 바짝 말리고 잠자리에 들어야 하며, 낮에 머리를 감았다면 다 말린 다음에 외출한다.

또한, 청결도 아주 중요하다. 집 안 청소를 자주 해 방 안에 머리카락이 방치되지 않도록 주의하고, 집이 너무 따뜻하지 않게 한다. 머릿니가 서식할 만한 옷이나 침구류는 깨끗이 세탁하고, 정기적으로 삶아서 햇볕에 말린다. 세탁하기 힘든 봉제 인형이나 쿠션 등은 랩으로 싸서 냉동실에 2일 이상 넣어둔다. 머릿니는 사람 피를 먹지 못하면 살지 못하기 때문이다.

머리를 짧게 자르는 것도 치료에 도움이 된다. 머리카락의 길이와 머릿니의 뚜렷한 상관관계는 없지만, 아무래도 머리가 길면 머릿니나 알을 발견하기 어렵고 머릿니가 숨을 곳이 더 많아지기 때문이다. 머릿니 약은 머릿니만 죽일 뿐 서캐(알)는 죽이지 못한다. 따라서 머릿니를 말끔히 없애고 싶다면 손으로 직접 잡거나 간격이 촘촘한 참빗으로 제거해야 한다. 아이가 자꾸 긁어 2차 감염이 발생하지 않도록 손톱을 짧게 잘라주는 것도 좋다.

□ 머릿니에 감염된 사람과의 접촉을 피한다.

□ 옷이나 수건은 끓는 물에 세탁하거나 드라이클리닝을 한다.

□ 쓰던 빗과 솔은 뜨거운 물에 담가 소독한다.

□ 머리는 되도록 짧게 자른다.

□ 머리를 자주 감고 빠르게 완전히 말린다.

□ 진공청소기로 침구나 카펫, 자동차의 머리카락을 제거한다.

□ 손이나 참빗을 이용해 머릿니와 서캐를 직접 잡는다.

□ 심하게 긁지 않도록 아이의 손톱을 짧게 잘라준다.

□ 빗과 수건 등은 개인별로 구별해서 사용한다.

아이의 두피에 각질처럼 하얗게 딱지가 앉으면 비듬이 생겼다고 생각하기 쉬운데, 유아의 경우 머리에 딱지가 있다면 대부분 비듬이 아니라 지루성 피부염이다. 생후 2주~6개월경에 처음 나타나며 두피, 얼굴, 목, 사타구니와 겨드랑이에 주로 발생한다.

두피에는 황갈색의 두꺼운 딱지(지성 각질)가 생겨 수주에서 수개월 지속하는데, 보통 시간이 지나면 자연스레 조금씩 떨어져 나가는 과정에서 비듬처럼 보일 수도 있다. 유아의 지루성 피부염은 세안이나 목욕 시 비누나 샴푸를 사용하지 않고 물로만 씻길 때 잘 발생한다.

일단 두피에 지루성 피부염이 발생하면 샴푸를 사용해 자극 없이 마사지하면서 머리를 감겨주는 것이 좋다. 증상이 심하거나 오래 지속될 경우에는 피부과 전문의와 상담해 치료를 받아야 한다. 요즘은 유아도 파마를 해주는 경우가 있는데, 두피가 약한 유아들은 파마 후에 비듬 같은 각질이 생길 수 있다. 5세 이전 유아는 될 수 있는 대로 파마를 하지 않는 것이 좋다.

59
면역력

---

*"잦은 병치레는 신체 건강뿐 아니라 아이의 성격에도
영향을 미치므로 면역력에 많은 신경을 써야 합니다."*

어린이집이나 학교에 다니는 아이들을 보면 다른 아이들은 다 감기
나 독감에 걸리는데 유독 멀쩡한 아이도 있고, 계절과 상관없이 사시
사철 감기를 달고 사는 아이도 있다. 그 이유는 바로 면역력 차이다.
면역력이 높은 아이들은 각종 병원체나 바이러스에 노출되거나 감염되
더라도 쉽게 물리치고 가볍게 앓고 지나가는 데 반해, 면역력이 부족
한 아이들은 잦은 병치레를 하며 키나 몸무게가 또래보다 작다.

더욱이 잦은 병치레는 신체 건강만이 아니라 아이의 성격에도 영향
을 미쳐 예민하고 까칠한 아이가 되기 쉽다. 비교적 덜 아프고, 또 아
프더라도 빨리 낫는 아이가 대체로 온순하고 씩씩한 편이다. 신체적으
로나 정서적으로나 아이가 건강하게 잘 크기를 바란다면 무엇보다 면
역력에 신경 써야 한다.

우리 아이 면역력 키우는 10가지 원칙

① 해열제 No, 항생제 No

면역력은 가벼운 감기가 낫는 과정에서 높아진다. 그런데 조금만 아파도 항생제와 해열제를 주면 면역력뿐만 아니라 스스로 몸을 회복하는 회복력과 치유력도 떨어진다.

② 미세먼지가 많은 날은 마스크 착용

미세먼지 등의 자극이 오면 코는 자연스럽게 코를 막고 콧물이나 기침, 재채기를 통해 이것들이 몸 안으로 들어오지 않도록 보호 작용을 한다. 문제는 이런 면역 작용도 너무 과하면 체력이나 성장에 방해가 된다는 것. 미세먼지가 많은 날은 반드시 마스크를 써 적당한 면역 작용이 이루어지게 한다.

③ 하루 20분 이상 햇볕 쬐기

햇볕을 쬘 때 만들어지는 비타민 D는 대표적인 면역력 강화 물질이다. 날씨가 추워 밖에 나갈 수 없는 날은 햇볕이 잘 드는 베란다나 거실에서 놀게 하는 것도 도움이 된다.

④ 물 많이 마시기

몸무게 1kg당 33㎖의 물을 섭취하는 것이 좋다. 충분한 물 섭취는 호흡기와 피부를 촉촉하게 해주고 면역력을 기르는 데 도움을 준다.

⑤ 입과 코 만지지 않기

손에는 항상 해로운 균인 바이러스가 묻어 있다는 것을 잊지 말자. 입과 코는 감기 같은 질환의 주요 감염 경로이므로 습관적으로 입과 코를 손으로 만지지 않게 하는 것이 중요하다.

⑥ 과식이나 편식 금물

과식이나 편식, 특히 과자류를 많이 먹으면 위에 부담을 주어 면역력이 떨어질 수 있다. 비만은 소아 성인병을 일으키는 원인이 되고, 몸속에 유해 산소가 생겨 면역력이 떨어진다.

⑦ 좋은 식재료 사용

좋은 음식을 먹는 것보다 중요한 것이 몸에 해로운 음식을 먹지 않는 것이다. 식재료는 되도록 친환경 식품으로 고르고, 식품 첨가물이나 유해 물질이 많은 과자류는 피하는 것이 좋다.

⑧ 온도와 습도에 신경 쓸 것

너무 덥고 건조하게 겨울을 보내는 것 또한 면역력 저하의 주요 원인이다. 겨울철 적정 온도는 18~20℃, 습도는 40~60%이다.

⑨ 잠이 보약이다

면역 세포의 움직임은 수면 중 가장 활발해진다. 특히 밤 10시부터 새벽 2시 사이에 가장 활발하므로 밤 10시 이전에는 잠자리에 들게 하는 것이 좋다.

⑩ 규칙적인 운동

하루 30분 이상의 규칙적인 운동은 면역력을 높여준다. 야외에서 햇볕을 쐬며 운동하면 비타민 D 합성 효과도 얻을 수 있다. 다만 너무 무리해서 운동하면 오히려 몸의 저항력을 무너뜨릴 수 있으니 주의한다.

60
모반

"모반은 발생 시기에 따라 선천성 또는
후천성 멜라닌 세포 모반으로 구분됩니다."

갓 태어난 아이 몸에 얼룩처럼 큰 점이 있는 경우 흔히 모반이라고 말한다. 모반은 라틴어에서 유래한 말로 선천적 혹은 유전적이란 뜻으로 신생아에게서 나타나는 점의 형태를 모반이라 일컫는다. 좁은 의미로는 우리 얼굴에서 흔히 볼 수 있는 검거나 갈색인 반점을 의미하며, 넓은 의미로는 붉은 점, 푸른 점, 흰 점뿐만 아니라 피부의 표피, 진피 혹은 피부 부속 기관의 기형으로 생기는 모든 점을 포함한다고 할 수 있다.

따라서 정확히는 태어날 때부터 존재하기도 하지만 주로 소아기나 청소년기에 나타나는 피부의 색소 반점을 총칭한다고 볼 수 있다. 모반은 멜라닌 세포라는 색소 세포의 덩어리로 구성되어 있고, 청소년기를 거치면서 이미 존재하던 모반이 더 커지거나 검어질 수도 있다.

모반은 발생 시기에 따라 선천성 또는 후천성 멜라닌 세포 모반으로 구분하는데, 태어날 때부터 보이는 것은 선천성 멜라닌 세포 모반이라

할 수 있다. 또한, 태어났을 때는 보이지 않다가 만 2세 전에 발견되는 1.5㎝ 이상 크기의 점 또한 선천성 멜라닌 세포 모반이라고 한다.

선천성 멜라닌 세포 모반은 신생아 1백 명 중 1명꼴로 발견되며, 그중 크기가 20㎝ 이상인 모반은 거대 멜라닌 세포 모반이라고 칭한다. 거대 선천성 세포 모반의 경우 모반 주위 피부가 두껍고 울퉁불퉁하며 털이 자라는 것이 특징이다. 이 경우 아이가 성장할수록 커지며, 사춘기를 지나면서 색이 진해지고 수염처럼 거친 털이 생기기도 한다.

모반은 아이가 자란다고 없어지지 않는다

모반은 점이기 때문에 아이가 성장한다고 저절로 사라지지는 않는다. 그러나 크기, 색깔, 모양에 변화가 없고 가렵지 않으며 눌러보았을 때 출혈이나 분비물 같은 것이 없는 경우에는 시급히 뺄 필요는 없다. 다만 모반의 크기가 점점 커지거나, 색이 짙어지거나, 아프거나, 피가 나올 시에는 하루빨리 제거하는 것이 좋다. 모반이 궤양으로 변하거나 점 주변에 새로운 점이 형성되는 악성 종양으로 발전할 수 있으므로 피부과 전문의와 상담해 제거 여부를 결정한다.

선천성 멜라닌 세포 모반을 가장 확실하게 제거하는 방법은 수술이다. 모반 세포의 깊이가 깊어 여러 차례 제거해야 한다. 어른이 되면 모반 크기도 함께 자라기 때문에 아직 뿌리가 깊지 않고 크기도 크지 않은 신생아 때 레이저 치료를 통해 제거하는 것이 좋다. 그러나 모반의 종류, 크기, 형태에 따라 제거 방법과 치료법이 다르므로 피부과 전문의와 상담해 정확한 치료를 시행해야 한다.

모반은 생성 원인에 따라 표피에서 유래된 모반, 진피와 혈관에서 유래된 모반, 피부 부속 기관에서 유래된 모반으로 구분한다. 아이들에게 잘 생기는 모반의 종류는 다음과 같다.

① **표피 모반**

표피에서 유래한 모반으로 출생 이후에 나타나기도 하지만 근본적으로는 태아 시기에 만들어진다. 갈색의 넓은 반점인 일명 카페오레 반점, 사마귀 모양의 사마귀양 표피 모반 등이 주로 나타난다.

② 목덜미 불꽃 모반

신생아의 약 25%에서 나타나는 모세혈관 기형의 하나로 목덜미 부위에 연분홍색이나 붉은색의 반점 형태를 보인다. 목덜미 불꽃 모반은 머리카락에 가려서 잘 발견되지 않기도 하고, 평생 사라지지 않기도 한다.

③ 피지선 모반

표면이 사마귀처럼 울퉁불퉁한 함 모양을 보이는 점의 일종으로 보통 출생 시 나타나지만, 처음에는 표면이 울퉁불퉁하지 않고 피부색에 가까워 구분이 쉽지 않다. 얼굴이나 목 부위에 흔하게 발생하며, 두피에도 많이 발생한다. 두피에 발생한 경우 모반 부위에 머리카락이 나지 않는 경우가 많아 주로 외과적 수술로 치료한다.

Plus Tip - 모반과 헷갈리는 몽고점

몽고점은 신생아를 비롯한 유아의 엉덩이뼈 또는 그 아랫부분에 나타나는 반점이다. 피부의 진피 속 멜라닌 색소가 침착한 것으로 주로 동양인에게서 많이 보인다 하여 몽고점이라 불리며, 우리나라의 경우 신생아의 95%에서 발견된다.

모반과 몽고점의 차이는 몽고점은 시간이 지나면 저절로 사라진다는 것이다. 신생아 몽고점은 대부분 생후 3~5년 이내에 사라지며, 늦어도 사춘기 전에는 사라진다. 몽고점은 피부의 진피 밑 멜라닌 색소 세포가 표피를 통해 보이는 것으로, 보통 생후 2세까지 색이 진하고 이후 점차 옅어지다 아이가 성장하면 거의 보이지 않는다.

일반적으로 몽고점은 엉덩이나 등에 나타나는데, 간혹 다른 부위에 생기고 일반 몽고점보다 색이 훨씬 진하며 시간이 많이 지났는데도 없어지지 않는 경우를 이소성 몽고점이라 한다. 이소성 몽고점은 나이가 들어도 없어지지 않을 수 있다. 또 얼굴이나 손, 발처럼 눈에 잘 띄는 부위에 생기므로 레이저 요법을 통해 어른이 되기 전에 조기 치료를 하는 것이 좋다.

61
미각 장애

---

*"어린 시절에 형성된 미각 장애는
성장기까지 영향을 미치므로 빨리 교정해주는 것이 좋아요."*

미각의 기본은 단맛, 짠맛, 쓴맛, 신맛을 느끼는 것으로 이 4가지가 조합되어 우리는 다양한 맛을 느낀다. 쓴맛은 혀와 후두의 감각을 담당하는 설인신경을 통해서, 나머지 3가지 맛은 유두에서 감수해 설 신경을 통해 대뇌로 전달된다. 그런데 이러한 신경의 말초나 중추에 문제가 생기면 미각에 장애가 발생한다. 보통 약물 복용이나 바이러스 감염, 안면 신경 마비 등이 원인이며, 아연 결핍이나 철 결핍성 빈혈 등도 원인이 될 수 있다.

아이의 미각 장애는 성장기까지 영향을 미친다

아이들의 혀에는 어른보다 1.3배 많은 미뢰가 있어 단맛, 쓴맛, 신맛, 짠맛 등 기본적인 맛을 더 잘 느끼며, 이것이 뇌에 빨리 기억돼 맛에 대한 편향된 식습관을 갖기 쉽다. 따라서 유아기에 올바른 식습관을 가져야 평생 왜곡되지 않은 식습관을 유지할 수 있고, 미각도 바르게 유지할 수 있다.

특히 아이들의 미각 장애는 질환보다는 아연 등의 영양소가 부족하거나 잘못된 편식 습관, 스트레스 등과 연관이 있는 경우가 많다. 아연이 부족하면 짧은 주기로 새로 생겨나야 하는 혀의 미뢰가 제대로 만들어지지 못해 맛을 잘 느끼지 못할 수 있다. 심한 스트레스를 받으면 아드레날린이 과도하게 분비되어 혈류 장애가 일어나고, 침이 잘 분비되지 않아 미각이 제대로 기능하지 못하게 된다.

어린 시절에 형성된 미각 장애는 성장기까지 영향을 미쳐 자극적인 식습관을 갖게 하고, 이는 건강과 성장을 크게 방해하므로 빠른 시일 안에 적절히 교정해주는 것이 좋다. 특히 소아 비만 아이의 경우 식습관과 미각 상태에 대한 전반적인 점검과 교정이 큰 도움이 된다.

아이의 미각 테스트는 집에서도 간단히 할 수 있다. 기본적인 4가지 맛을 아이가 제대로 표현하는지 확인하면 된다. 4가지 맛을 대표하는 설탕물, 소금물, 식촛물, 녹차 우린 물을 아이에게 조금씩 맛보게 하는데, 이때 아이가 맛을 제대로 표현하지 못한다면 미각 장애를 의심해볼 수 있다. 꼭 4가지 물일 필요는 없다. 단맛, 신맛, 짠맛이 강한 과일이나 식재료가 있다면 그것을 소량 먹여본 후 체크해도 좋다.

아이의 자극적인 입맛을 바꾸는 게 최우선

만 3세 이전 아이들은 선천적으로 강렬한 맛에 민감하고, 그러한 자극이 뇌에 잘 기억되는 특성이 있다. 그 때문에 만 3세 전후에는 자극적인 맛보다는 다양한 맛을 느끼게 해주면서 식습관을 들이는 것이 좋다. 이미 자극적인 맛에 중독되었다면 갑자기 고치기보다는 평소 식생활에서 차근차근 고쳐나가야 한다.

아이들은 스스로 어떠한 중독을 제어하기가 힘들기에 부모의 참여와 도움이 무엇보다 중요하다. 되도록 인공 조미료를 적게 사용하고 자연식 위주로 먹이는데, 이때 아이에게만 먹으라고 강요하기보다 부모가 함께 먹으면 아이가 적응을 훨씬 잘한다. 또 해조류, 콩류, 견과류 등 아연이 풍부한 식품을 섭취하게 하고, 자극적인 단맛과 짠맛이 나는 음식은 되도록 먹지 않게 한다.

① 인스턴트 음식 끊기

햄버거나 피자를 가끔 먹인다고 안심하지 말자. 아이들은 인스턴트 음식의 자극적인 맛과 향에 금방 길든다.

② 인공 조미료 사용하지 않기

조미료 역시 자극적인 맛이라 아이들은 그 맛에 쉽게 길들 수 있다. 될 수 있는 대로 인공 조미료는 사용하지 말고, 천연의 맛을 느낄 수 있는 요리를 한다.

③ 자극적이지 않은 간식 주기

과자나 음료수 대신 감자나 고구마, 호박 등 자극적인 맛이 없는 자연 간식을 준비한다.

④ 온 가족이 함께 참여하기

엄마 아빠는 자극적인 음식을 먹으면서 아이에게만 금지하는 것은 좋지 않다. 엄마 아빠는 물론 온 가족이 함께 참여해야 아이의 입맛을 바꾸는 데 도움이 된다.

⑤ 여유 있게 기다리기

한두 번의 시도로 아이의 입맛이 드라마틱하게 바뀔 것이라 기대하지 말자. 칭찬과 격려를 하며 기다리다 보면 아이의 입맛도 서서히 제자리를 찾아간다.

62

방귀

———

"아이의 방귀 냄새는 먹은 음식의 종류,
소화의 정도, 장 상태에 따라 달라집니다."

아이가 먹은 음식은 각 소화기관을 거쳐 거의 분해된 채 장에 도착한다. 그리고 그때까지 분해되지 않은 극소량의 음식물은 장 속 세균에 의해 발효되는데, 이 과정을 거치면서 장 속에 가스가 만들어지고 생성된 가스가 대장에 가득 차면 몸 밖으로 뿜어져 나온다. 이것이 바로 방귀다.

엄마들은 아이가 방귀를 몇 차례 뀌는 것은 마냥 귀엽게 여기지만 그 횟수가 생각보다 많으면 걱정하기 시작한다. 방귀의 횟수를 장 건강과 연결해서 생각하기 때문이다. 사실 방귀와 장 건강은 큰 관련이 없다. 복통이나 식욕부진, 토끼 똥과 같이 변 상태가 좋지 않으면서 계속해서 방귀를 뀌는 것이 아니라면 크게 걱정하지 않아도 된다.

방귀 횟수는 식습관이 결정한다?

방귀 횟수는 식습관과 밀접한 관련이 있다. 우선 음식을 먹는 속도다. 방귀의 양은 입을 통해 위로 들어간 공기의 양에 의해 좌우되는데, 음식을 빨리 먹으면 자연히 공기도 많이 흡입해 위로 들어가는 공기의 양 역시 많아진다. 게다가 음식을 빨리 먹으면 소화가 잘되지 않아 장내 가스까지 증가하기 때문에 방귀의 횟수가 더욱 잦아진다.

식사를 마치자마자 취하는 자세도 방귀의 횟수를 결정한다. 음식을 먹은 뒤 몸속에서 음식물과 공기가 분리되려면 30분에서 1시간 정도 걸린다. 그런데 음식을 먹고 바로 누우면 위의 입구가 소화 중인 음식물로 막혀 공기가 트림으로 빠져나갈 수 없다. 서 있으면 공기가 트림으로 빠져나가지만 누워 있으면 공기가 음식과 함께 위의 출구에서 장으로 흘러들어 방귀가 되어 나오는 것이다.

무엇을 먹는지도 중요하다. 탄수화물이나 과당이 많이 함유된 음식은 장내 가스를 많이 만든다. 밀가루로 만든 빵이나 과자는 물론 보리, 현미, 고구마, 옥수수, 당근, 브로콜리, 양배추, 사과, 자두, 건포도, 배 같은 식품이 방귀를 유발하는 대표적인 것들이다.

지독한 냄새는 엄마의 큰 걱정거리다?

결론부터 말하면 크게 걱정하지 않아도 된다. 방귀와 변에서 지독한 냄새가 나는 이유는 소화가 잘 안 되는 음식을 먹었거나, 방귀 냄새를 더하는 음식을 먹었거나, 과식으로 소화가 더디게 되었다는 증거일 뿐 많이 오해하고 있는 장 건강이 위협받고 있다는 증거는 아니다. 과식으로 대장에 소화해야 할 음식물 찌꺼기가 많이 도착하면 그것을 발효시키기 위한 세균 또한 많아져 방귀 냄새가 독해질 수 있다.

방귀를 구성하는 가스 중 유황이 함유된 가스인 황화수소, 암모니아, 지방, 메탄가스는 냄새가 고약한데, 유황 성분이 많은 양배추, 견과류, 빵을 비롯해 단백질의 기본 구성단위인 아미노산이 풍부한 고기 등을 먹으면 이것만으로도 방귀 냄새가 고약해질 수 있다. 또 5세 미만 아이들은 소화 효소가 충분하지 않아 음식물을 충분히 분해할 수 없어 과식했을 때 방귀 냄새가 심해지기도 한다. 냄새가 난다고, 또는 보기 좋지 않다는 이유로 아이에게 방귀를 참게 하진 말자. 방귀를 참으면 장내 질소가스가 쌓여 대장이 부풀어 오르고 대장의 운동 기능도 나빠져 변비가 생길 수 있다.

냄새 나는 방귀를 줄이고 싶다면 아미노산이 풍부한 육류 섭취량을 줄이거나 요구르트 등의 유산균이 풍부한 음식을 먹으면 어느 정도 효과를 볼 수 있다. 그러면 장내 정상 세균이 증가해 독한 방귀 냄새가 한결 줄어든다. 유산균은 장 점막은 물론 장의 연동운동을 도와 위장관을 튼튼하게 만든다. 장에 좋은 유산균이 많으면 소화 기능과 위 운동이 활발해져 변비, 설사 등을 예방하는 효과도 있다.

63
변비

*"어릴 때 변비를 제대로 치료하지 않으면
만성 변비가 될 수도 있어요."*

아이마다 약간의 차이는 있지만 대개 3~4일간 변을 보지 못했을 때 변비라고 본다. 36개월 미만 아이의 변비는 먹는 양이 지나치게 적거나 수분을 충분히 섭취하지 못했을 때 주로 발생한다. 아이에게 필요한 하루 물 섭취량은 아이 몸무게 ㎏당 60㎖. 수분이 부족하면 식이섬유가 물을 머금지 못하고 딱딱해져 변비를 악화시키므로 필요한 물만 잘 챙겨 먹어도 좋아지는 경우가 많다.

변비의 원인은 여러 가지지만 가장 큰 원인은 잘못된 식습관이다. 섬유질이 부족한 음식을 많이 먹거나 수분 섭취가 부족해 변이 딱딱해지는 것이다. 아이에게 변비가 있다면 일차적으로 섬유질 위주의 음식을 먹이고, 변비가 심해 아이가 변을 보기 무서워한다면 적극적인 변비 치료를 해주어야 한다. 소아 변비의 경우 제때 치료하지 않으면 배변 기능을 담당하는 신경이 무뎌져 변비가 만성화될 수 있고, 성인 변비로도 이어질 수 있다.

240

| CASE 1 | 화장실에 갈 때마다 엉덩이가 아프다고 울며 변기에 앉는 것을 싫어해요.

변비가 심해 변이 딱딱하게 나와 항문이 찢어지면 그다음부터는 항문이 아픈 게 싫어 변을 참게 되고, 그로 인해 변비가 더욱 심해진다. 아이가 통증을 호소한다면 따뜻한 물에 엉덩이를 담그는 좌욕을 시켜줘 항문 주위를 부드럽게 만들어주는 것이 좋다. 변비가 심해 아이가 변을 보는 게 무서워할 정도가 되면 식습관 개선 등으로는 치료하기 힘든 상태라고 할 수 있다. 이때는 병원을 찾아 적극적인 변비 치료를 받아야 한다.

| CASE 2 | 잘 먹는 데 반해 변을 잘 못 봐서인지 배가 늘 빵빵하고 방귀도 자주 뀌어요.

관장은 장 속의 딱딱한 변을 내보내는 가장 효과적인 방법이다. 하지만 임의로 관장을 자주 하면 습관이 되어 관장 없이는 변을 보지 못하는 사태가 발생할 수 있다. 배가 늘 빵빵해서 걱정이라면 먼저 소아청소년과를 방문해 기저 질환이 있는지 진료를 받아보고, 단순 변비 때문이라면 의사의 처방을 받아 관장한다.

| CASE 3 | 아이가 자꾸 배가 아프다고 해요. 변비 때문에도 배가 아플 수 있나요?

아이가 갑자기 배가 아프다고 하면 병이 생긴 것은 아닌지 걱정스러운데 의외로 변비 때문에 배가 아픈 경우가 많다. 평소 수분을 많이 섭취하고 섬유질이 많은 음식을 먹게 하는 등 식습관을 개선해주면 변비를 어느 정도 해결할 수 있다.

| CASE 4 | 아이가 물을 잘 안 마셔요. 수분 섭취가 적어도 변비의 원인이 될 수 있나요?

변비는 변이 딱딱한 상태를 말한다. 우리 몸에 수분이 부족하면 몸은 수분 손실을 줄이려고 소변의 양을 줄이고, 대변의 물기를 흡수해 변을 딱딱하게 만들어 변비를 일으키기도 한다. 또한, 섬유질이 제 기능을 하는 데도 물이 많이 필요하다.

| CASE 5 | 변비로 힘들어하는데 갑자기 설사를 해요. 지사제를 먹여야 하나요?

변비 중간에 물똥을 싸는 것은 흔한 경우다. 따라서 아이가 물똥을 싼다고 설사로 생각해 임의로 설사 멈추는 약을 먹여서는 안 된다. 평소 채소와 과일을 많이 먹이고, 적당한 운동으로 장운동이 원활하도록 도와주는 것이 좋다.

| CASE 6 | 과일을 많이 먹는데도 변비가 나아지지 않아요.

과일이나 채소의 섬유질이 변비에 좋다고 착즙기 등으로 주스를 만들어주거나 시판 주스를 먹이는 경우가 의외로 많은데 이는 잘못된 방법이다. 착즙기는 섬유질을 걸러내기 때문에 아이의 경우 과일을 통째로 강판에 갈거나 으깨서 먹이고, 이유식이 끝난 아이들은 통째로 먹이는 것이 좋다.

장에 단단한 변이 꽉 차 아이가 배변을 너무 힘들어하면 관장을 해주기는 하는데 가능하면 하지 않는 것이 좋다. 한번 관장을 하면 관장이 습관화되어 아이 스스로 변을 보지 못할 수도 있기 때문이다. 관장이 필요할 정도의 변비라면 소아청소년과를 방문하기 권한다.

집에서 시도할 수 있는 관장 방법은 손가락 끝에 바셀린 등 윤활제를 발라 아이의 항문을 자극하는 것이다. 손가락 한 마디 정도를 항문에 넣은 다음 약간의 힘을 주어 사방으로 살짝 눌러주면 된다.

또 다른 방법은 면봉을 이용해서 항문을 자극하는 것으로, 면봉 끝에 윤활제를 묻힌 후 끝을 약 0.5㎝ 정도 항문에 넣고 조심해서 항문을 자극한다. 이때 항문에 상처가 나면 이로 인해서 변을 참기 때문에 변비가 더 심해질 수 있으니 주의한다.

64
변 색깔

———

"아이의 '똥'은 아이 건강의 척도로 평소에 유심히 살펴보세요."

변의 색은 간에서 나오는 담즙 색소인 빌리루빈의 색으로 결정된다. 쓸개에서 담즙이 나올 때는 진한 녹색이지만 십이지장을 통과하면서 진한 황색으로 바뀌어 우리가 알고 있는 변의 색이 된다. 물론 변의 색이 항상 같지는 않다. 장의 운동 속도나 변이 머무는 시간 또한 먹는 음식에 따라 색이 조금씩 달라지기 때문이다.

흔히 아이가 녹변을 보면 소화가 안 돼서 그런 게 아닐까 걱정하는데, 담즙 색소가 장관 속에 오래 머물면 산화되어 녹색이 되기도 한다. 요구르트를 많이 먹으면 변이 흰색을 띠기도 하고, 모유를 먹으면 좀 더 노래져 달걀노른자처럼 샛노란 변을 보기도 한다.

① 안심해도 되는 변

황색 : 간에서 나온 담즙 색은 기본적으로 갈색인데, 쓸개로 들어갔다 나올 때는 진한 녹색이 되고 십이지장을 통과하면서 진한 황색으로 바뀐다. 황색은 가장 일반적인 변의 색이다.

녹색 : 담즙 색소가 장관 속에 오래 머물면 산화되어 녹색이 되는데, 그 상태로 변으로 배설되는 경우가 바로 녹변이다. 황색 변과 마찬가지로 일반적인 변의 모습이다.

갈색 : 담즙이 장관 속에 오래 머물면 계속해서 색이 변한다. 이유식을 먹기 시작하면 음식을 소화하는 시간이 길어지므로 변의 색이 갈색을 띨 수 있다.

② 걱정스러운 변

붉은색 : 붉은색 변은 대개 출혈이 있는 경우에 나타난다. 변 전체에 물들 듯이 붉은색이 스며들어 있다면 장중첩증이나 세균성 장염일 수 있다. 군데군데 붉은색이 섞여 있을 때는 다른 원인을 의심할 수 있지만 모두 건강상 이상 신호이므로 병원을 찾는다.

흰색 : 흰색 변을 볼 때는 담도폐쇄증이나 로타바이러스 위장염, 장관 아데노바이러스를 의심해볼 수 있다. 또 췌장과 관련된 질병으로 지방 변이 생겨 흰색 변을 보는 경우도 있다. 아이가 흰색 변을 계속 본다면 반드시 의사의 진찰을 받는다.

검은색 : 새까만 변을 본다면 위나 소장 등 소화관 위쪽에서 출혈이 생겼을 수 있으므로 반드시 병원을 찾는다. 아이가 코피를 들이마셨거나 엄마의 유두에 난 상처로 피를 먹게 된 경우에도 검은 변을 볼 수 있는데 이때는 안심해도 된다.

변에 문제가 생기면 분유를 바꾸는 게 상책이다?

분유는 제품마다 성분 차이가 조금씩 있으나 아이가 성장하는 데 필요한 기본 성분은 거의 비슷하다. 따라서 어떤 제품을 선택하든 아이의 성장에는 큰 영향을 미치지 않는다. 태어날 때부터 분유를 먹은 아이들은 대부분 처음 맛본 분유에 익숙해진다. 어떤 아이들은 다른 회사의 분유를 아예 먹지 않기도 한다. 만약 아이가 병원에서 한 가지 종류의 분유를 먹었고 별 이상 없이 잘 먹었다면, 집에 돌아와서도 굳이 다른 제품으로 바꿔 먹일 필요는 없다.

아이가 가벼운 설사와 변비, 구토 등의 증상을 보이면 분유가 맞지 않아서라고 생각하기 쉬운데, 그보다는 수유 방법이 잘못되었거나 당시 아이의 건강 상태 때문인 경우가 많다. 수유 방법이나 아이의 상태를 잘 살핀 후 그래도 문제가 있다고 여겨지면 분유를 바꾼다.

Plus Tip - 변이 묽으면 설사인가요?

단지 자주 싸고 변이 묽다고 해서 설사로 단정해서는 안 된다. 설사는 변의 양상과 횟수 그리고 아이의 상태를 고려해서 판단한다. 모유를 먹는 경우 묽고 몽글몽글한 덩어리가 있는 변은 정상이다. 변을 보는 횟수가 평소보다 한두 번 더 늘었다 하더라도 아이가 잘 놀고 잘 먹는다면 조금 더 관찰하는 것이 좋다. 다만 평상시보다 변을 보는 횟수가 두 배 이상 늘거나 10회 이상 덩어리가 없는 물 같은 변을 보면서 아이가 처지고 기운이 없어 보인다면, 설사 양상으로 판단하고 소아청소년과 전문의의 진찰을 받는 것이 좋다.

설사는 장에 나쁜 독성 물질이 쌓였을 때 그것을 배출시키기 위한 작용으로 생긴다. 특히 세균성 장염일 때는 설사를 억지로 멈추게 하면 독성 물질이 배출되지 못해 증상이 더 악화될 수 있다. 따라서 지사제는 설사 한다고 해서 무조건 사용하는 것이 아니라 반드시 전문의의 진단을 받고 투여해야 한다.

65
부정교합

_"부정교합은 단순히 치열만의 문제가 아니라
씹는 기능을 떨어트리는 원인입니다."_

부정교합이란 어떤 원인으로 인해 배열이 가지런하지 않거나 위아래 맞물림이 정상 위치를 벗어나는 것을 뜻한다. 부정교합은 대부분 성장하는 과정에서 비정상적인 턱과 치아 발육 때문에 나타난다. 영구치가 나기 전 아이들이 자꾸 아래턱을 내미는 것은 단순 습관일 가능성이 크다. 하지만 단순 습관이 계속되면 턱의 위치를 변화시켜 부정교합으로 발전할 수도 있으니 입을 벌리고 내미는 이유를 찾아내거나 아이의 습관을 바꿔줄 필요가 있다.

부정교합은 단순한 치열 문제가 아니다

부정교합은 윗니와 아랫니의 맞물림이 비정상적인 것으로 원인은 삐뚤빼뚤한 치아, 벌어진 치아, 툭 튀어나온 치아 등 다양하다. 문제는 이러한 치아는 씹는 기능이 떨어진다는 것이다. 제대로 맞물리지 않아 음식물 씹기가 불편하고, 음식 섭취를 제대로 하지 못하면 아이의 전체적인 성장 발달에 영향을 줄 수 있다. 또 구석구석 칫솔질을 하기 힘들어 충치 등의 각종 질환을 가져와 치아 건강을 해치게 된다.

그리고 치아는 외모와 발음에도 많은 영향을 미친다. 치아만 삐뚤어진 것이 아니라 돌출이나 주걱턱, 무턱 등이 동반될 경우 외모와 발음에 더욱 큰 영향을 준다. 이로 인해 일상생활이나 대인 관계에 자신감이 없어질 가능성도 있다.

① 손가락 빠는 습관

손가락과 입술을 빠는 습관, 혀를 내미는 습관 등은 치아를 돌출시키거나 벌어지게 하고, 이가 안으로 누워버리게 만들 수 있으므로 조기에 고쳐준다. 무조건 금지하고 윽박지르면 아이가 보상 심리로 부모가 보지 않는 곳에서 더욱 심하게 습관에 집착할 수 있으므로 계속해서 잘 타이르고 설명해 아이 스스로 고칠 수 있도록 유도한다.

② 입으로 숨 쉬는 습관

입으로 숨을 쉬면 얼굴의 길이가 길어지고 위턱이 좁아지며 어금니 맞물림이 잘못될 수 있다. 아이가 지나치게 입을 벌리고 숨을 쉰다면 근본적으로 코에 이상이 있는 것은 아닌지 이비인후과나 소아청소년과를 방문해 검사를 받아보아야 한다.

③ 턱 괴기

턱을 한쪽으로 괸다거나 한쪽으로만 잠을 자는 습관은 안면 비대칭을 유발해 부정교합을 일으킬 수 있다.

Q1. 영구치가 나기 전 부정교합인지 아닌지 알 수 있나요?

→ 부정교합은 유치가 빠지고 영구치가 나올 때 윗니와 아랫니의 맞물림을 살펴봐야 정확히 알 수 있다. 하지만 무턱이나 주걱턱 등 턱과

관련된 부정교합은 유치 상태에서도 발견할 수 있다.

Q2. 교정 치료는 언제 시작하는 것이 좋은가요?

→ 치아 교정은 아이마다 시기와 방법이 각각 다르다. 치아 상태에 따라 이갈이가 시작되는 시기에 할 수도 있고 영구치가 완성된 후에 할 수도 있으므로, 영구치가 나기 시작하면 치과를 방문해 교정 치료가 필요한지 아닌지를 먼저 확인하는 것이 좋다.

Q3. 교정 치료는 어떤 방법으로 하나요?

→ 일반적으로 알고 있는 치아에 철사를 거는 교정은 영구치가 완성된 후에 하는 방법이다. 이갈이 시기의 교정은 입안에 꼈다 뺐다 하는 장치를 이용하거나 머리나 얼굴에 커다란 장치를 쓰고 교정을 한다.

Q4. 이갈이 시기의 교정은 얼마나 걸리나요?

→ 영구치가 난 이후의 교정은 보통 18개월 이상 걸리지만 성장하는 힘을 이용하면 교정 기간을 단축할 수 있다. 적게는 6개월에서 많게는 1년 반 이상 걸린다.

66
성장통

"성장통은 질환으로 생기는 통증이 아니므로
관리만 잘 해주면 자연스레 사라집니다."

성장통은 3~12세의 성장기 아이들에게 특별한 이상 없이 나타나는 다리 통증이라 할 수 있다. 남자아이보다는 여자아이에게서 좀 더 흔하며, 주로 양쪽 무릎이나 발목, 허벅지, 정강이 부위에 발생한다. 가끔 팔의 통증을 호소하기도 한다.

정확한 성장통의 원인은 밝혀지지 않았지만, 전문가들은 성장하면서 뼈를 싸고 있는 골막이 늘어나 주위 신경을 자극하기 때문이라고 말한다. 뼈는 빠른 속도로 자라는 데 비해 근육은 더디게 자라기 때문에 생기는 것이라는 주장과 비만이나 스트레스로 인한 발병이라는 설도 있다.

성장통은 일반적으로 밤에 좀 더 잘 느껴져 낮에는 잘 뛰놀던 아이도 밤만 되면 갑자기 아프다고 하는 경우가 많다. 특히 활동량이 많았거나 과도한 운동을 한 날 밤에는 통증을 더 심하게 호소하기도 한다. 이는 밤은 몸이 쉬는 시간이라 젖산과 같은 피로 물질이 덜 배출되고 부신 등의 호르몬 분비량이 줄면서 통증에 대한 역치가 낮아져 낮은 자극에도 쉽게 반응하기 때문이다.

다리 통증이 모두 성장통은 아니다

아이가 성장통으로 아파하면 긴장된 근육을 풀어주고 혈액순환이 잘 되도록 가벼운 마사지를 해준다. 따뜻한 수건으로 찜질을 해주는 것도 좋고, 따뜻한 물로 전신 목욕을 시키는 것도 도움이 된다. 통증이 근육에 무리를 주지 않도록 심한 운동을 피하고, 뛰논 다음에는 따뜻한 물로 목욕을 시킨 뒤 충분히 쉬게 해준다. 통증이 너무 심한 경우 어린이용 진통제를 이용해 가라앉힐 수도 있다.

또한, 인스턴트 식품이나 가공식품은 될 수 있는 대로 먹이지 말고 콩류, 생선, 살코기와 해조류 등 단백질과 칼슘이 풍부한 음식을 먹이는 것이 좋다. 운동이나 소풍, 놀이동산, 쇼핑 등 특별히 활동이 많은 날은 성장통이 더 심해지므로 이후 1~2주 정도는 활동을 줄이는 것이 좋다.

한편 성장기 아이들의 다리 통증을 무조건 성장통으로 단정해서는 안 된다. 아이가 다음과 같은 증상을 보일 때는 반드시 소아정형외과 전문의를 찾아 진단을 받아야 한다.

□ 통증을 호소하는 부위가 부어 있다.

□ 만지면 더 아파한다.

□ 아침이나 낮에도 통증이 심하다.

□ 한쪽 다리의 통증을 호소한다.

□ 걸을 때 절뚝거리거나 힘들어한다.

Plus Tip - *뼈 성장과 성장판*

뼈의 성장은 뼈마디 끝부분의 성장판, 다른 말로 골단판에서 이뤄진다. 뼈가 성장하는 동안 골단판 내 연골 세포가 빠르게 성장하면 연골 조직에 칼슘 성분이 쌓여 뼈 조직으로 대체되는데, 이것을 골화 과정이라고 한다.

성장판은 팔다리뼈에서 길이 성장이 일어나는 부분을 말한다. 대개 다리뼈의 가운데와 양쪽 끝에 있으며, 뼈와 뼈 사이에 연골판이 끼어 있는 형태다. 성장판이 닫히는 시기는 부위마다 다르지만 대개 여자는 약 15세, 남자는 약 17세가 되면 모든 성장판이 닫힌다.

성장 호르몬 요법은 성장판이 닫히기 전에 시작해야 하지만, 그렇다고 병적으로 성장 호르몬이 결핍된 아이가 아닌 정상적으로 크고 있는 아이에게 키를 키우려는 목적으로 투여하는 것은 좋지 않다. 성장 호르몬 주사가 충분한 임상시험을 거쳐 안정성을 인정받기는 했으나 호르몬제인 만큼 호르몬의 불균형으로 인한 부작용이 생길 수도 있고, 정기적으로 주사를 맞아야 하는 아이에게 정신적인 스트레스를 줄 수 있기 때문이다.

성장 치료는 원인을 진단해 그에 맞는 치료를 하는 것이 가장 중요하다. 아이의 성장이 더딘 이유가 단지 호르몬 문제가 아닌 척추측만증과 휜 다리 등의 구조적인 문제일 수도 있고, 영양 결핍 등의 이유일 수도 있기 때문이다. 아이의 키가 또래보다 작다면 성장 클리닉을 방문해 방사선 검사, 혈액 검사, 뼈 나이와 성장 가능성 등을 확인해 호르몬의 문제로 성장이 더디다면 아이의 급성장기를 측정해 집중적인 치료를 받는 것이 좋다.

67
소아 갑상선

*"규칙적인 생활 습관을 들이면
갑상선 건강은 물론 전체 건강에도 긍정적인 영향을 줘요."*

갑상선은 후두 바로 밑에 나비 모양으로 자리 잡은 내분비기관으로 갑상선 호르몬과 칼시토닌 호르몬을 분비한다. 이 호르몬은 신체 활동에 필요한 에너지와 열을 발생시키므로 이곳에 문제가 생기면 아이의 성장에도 문제가 따를 수 있다. 어른은 증상을 자각할 수 있으나 아이들의 경우 스스로 증상을 느끼고 표현하지 못하므로 부모의 세심한 주의가 필요하다.

보통 갑상선은 어른에게 주로 발병한다고 알고 있는데, 소아도 갑상선 기능 저하증과 갑상선 기능 항진증 등이 생길 수 있다. 갑상선에서 갑상선 호르몬이 잘 생성되지 않아 갑상선 호르몬의 농도가 떨어진 상태를 갑상선 기능 저하증, 반대로 갑상선 호르몬이 지나치게 많이 분비되는 경우를 갑상선 기능 항진증이라 한다.

어린아이의 경우 선천성 갑상선 기능 저하증이 가장 많은데, 발생 빈도는 약 2천5백 명에 1명 정도다. 국내에서는 1997년 이후 출생하는 모든 신생아를 대상으로 무료 선별 검사를 시행해 조기에 진단하는 시스템이 구축되어 있다. 후천적으로 발생하는 갑상선 질환은 10대 이후 많이 발생하지만 드물게 영유아기에 발생하기도 한다.

소아의 경우 선천성 갑상선 기능 저하증이 대부분

갑상선에 이상이 생기는 이유로 유전성 요인, 자가 항체로 인한 경우, 요오드가 너무 많거나 적은 식사, 생활환경 등을 들 수 있다. 모든 갑상선 질환이 유전성 경향을 가지는 것은 아니지만, 갑상선 호르몬 합성 장애의 경우 가족력이 원인이 되기도 한다.

자가 항체의 문제도 가족력이 원인일 수 있고, 남자보다 여자가 약 10배 정도 더 높은 유병률을 보인다고 알려져 있다. 요오드가 너무 많거나 적은 경우에도 갑상선 질환이 생길 수 있으나 현재 국내의 식습관이나 생활 여건에서는 발병 확률이 낮다.

갑상선 기능 저하증의 경우 심장이 느려지고, 몸이 차가워지고, 몸이 붓고, 체중이 늘어나고, 늘 피곤한 증상을 보인다. 반대로 갑상선 기능 항진증일 때는 신진대사가 빨라져 심장이 빨리 뛰어 가슴이 두근거리고, 몸이 더워지고, 땀이 많이 나고, 체중이 빠지는 등의 증상이 나타난다. 또한, 짜증이 늘어나며, 심한 경우 안구 돌출이나 갑상선 비대 증상이 나타날 수 있다. 영유아기에 갑상선에 이상이 생기면 성장 부진, 발달 지연, 황달, 변비, 쉰 목소리 등이 나타날 수 있다.

갑상선 이상이 있는 아이의 경우 주로 지능 발달 장애, 집중력 저하와 학습 장애 등이 나타난다. 아이들은 몸의 불편함을 잘 표현하지 못하기 때문에 상대적으로 키가 작거나 발달이 늦을 경우, 짧은 팔다리와 목, 두꺼운 손, 안구 돌출, 체중 변화가 크거나 피곤해하고 짜증이 많으면 갑상선 질환을 의심하고 병원에서 검사를 받아보는 것이 좋다.

갑상선 질환은 별다른 예방법이 없다. 다만 규칙적인 생활 습관을

들이면 건강 전체에 도움이 되고 갑상선 건강에도 긍정적인 영향을
준다.

① 스트레스 No

스트레스는 면역 체계에 영향을 주어 갑상선 질환을 일으킬 수 있
다. 아이가 스트레스를 받지 않게 하고, 야외활동과 놀이 후에는 충분
한 휴식으로 몸 상태를 회복시켜준다.

② 고른 영양 섭취

영양을 고르게 섭취하면 면역력이 높아진다. 채소와 육류의 균형 잡
힌 식사로 영양소를 골고루 섭취하게 하고, 인스턴트 음식보다는 제철
음식 위주로 먹이는 게 좋다.

③ 규칙적인 생활 리듬

불규칙한 생활 습관은 면역력 파괴의 일등 공신이다. 일찍 자고 일
찍 일어나기, 정해진 시간에 밥 먹기 등의 규칙적인 생활 리듬을 갖는
것이 중요하다. 특히 깊은 수면은 보약이므로 규칙적인 수면 습관을
들이는 것이 좋다.

68
소아 골절

___

"고른 영양 섭취와 햇볕을 쬐며
야외활동을 많이 하면 뼈가 튼튼해져요."

아이 뼈와 어른 뼈는 단지 크기만이 아니라 강도와 구조도 다르다. 우선 아이 뼈에는 어른 뼈와 달리 팔과 다리, 손가락, 발가락 등의 긴 뼈 양쪽 끝부분에 성장판이라는 물렁뼈가 있다. 이 성장판에서 뼈가 자라나는데, 이곳에 골절 등의 손상을 입으면 해당 부분이 자라나는 데 문제가 생긴다. 성장판 손상 부위가 자라지 않아 상대적으로 짧아지거나 비대칭으로 자라서 휠 수도 있다.

아이 뼈와 어른 뼈는 강도도 다르다. 비유하자면 어른 뼈는 겨울철 물기가 빠진 개나리 가지라 할 수 있다. 강도는 있지만 쉽게 뚝 부러지는 상태다. 이에 반해 아이 뼈는 봄철 물기를 머금은 개나리 가지처럼 약하기는 하지만 쉽게 뚝 부러지기보다는 휘거나 한쪽으로 꺾이는 모습을 보인다.

따라서 아이와 어른의 골절 치료 방법도 다르다. 어른 뼈의 골절은 대개 부러진 뼈가 틀어지면 원래 모양대로 맞춘 다음 골절 면이 움직이지 않고 뼈가 붙도록 수술 치료를 해야 하는 경우가 많다. 반면 아이 뼈는 성장기에 뼈를 만드는 힘이 어른보다 많이 뛰어나 어느 정도 부러지고 틀어진 상태라도 반드시 수술해야 하는 것은 아니다. 깁스 등의 비수술적인 방법으로 약간 느슨하게 고정해도 대개는 뼈가 잘 붙는다.

또 뼈가 어느 정도 어긋난 상태로 붙는다 해도 자라는 동안 재형성 과정을 거치기 때문에 다치지 않은 쪽과 거의 같은 상태로 회복되는 경우가 많다. 하지만 성장판이 골절되었다면 수술을 해야 한다. 성장판이 제대로 맞춰지지 않으면 뼈가 자라나는 데 영향을 미칠 수 있고, 이로 인해 다친 쪽이 짧아지거나 휘는 등의 문제가 생길 수 있기 때문이다.

소아 골절도 깁스는 해야 한다

걷기 시작하는 나이부터 유치원에 다니는 아이들은 살짝 넘어진 것 같은데도 정강이뼈에 금이 가거나 뼈에 뒤틀리는 힘이 가해져 금이 가는 경우가 흔하다. 겉으로 보기에 많이 붓거나 뼈가 틀어지거나 어긋나 보이지는 않지만, 해당 부위를 누를 때 통증이 있거나 다친 쪽 다리를 절뚝인다면 골절이 생겼는지 확인해봐야 한다.

손을 짚고 넘어지는 경우 손목과 팔꿈치 골절이 잘 생기는 데 반해, 팔의 윗부분은 상대적으로 골절이 될 확률이 낮다. 갓난아이의 경우 침대에서 떨어질 때 어깨를 부딪치면서 쇄골이 골절되기도 한다. 손가락을 다치는 경우 다른 부위보다 성장판에서 골절이 발생하는 예가 흔하다.

아이들에게 골절이 생기면 주로 깁스 치료를 한다. 보통 스타키네트라는 면 스타킹을 입히고 그 위에 솜을 감은 뒤 접착 성분이 있는 플라스틱 천에 물을 묻혀 감아놓는데, 시간이 지나면서 딱딱하게 굳는다. 그런데 아이 중 면 성분에 알레르기가 있어 가려워서 젓가락 등을 넣어 긁는 경우가 있다. 아이가 깁스 후 가려움증을 호소한다면 긁게 두지 말고 병원을 방문해 다른 재질의 깁스로 교체하는 것이 바람직하다.

또 살이 적고 피부 아래에 바로 뼈가 있는 팔꿈치 뒤쪽이나 발뒤꿈치의 경우 딱딱한 깁스가 계속해서 이 부위를 누르거나 솜 등의 패딩이 얇은 상태로 깁스를 하면 닿는 부위에 욕창이 생기기도 한다. 깁스한 뒤 아이가 이 부위에 불편함이나 통증을 호소한다면 병원을 찾아 확인한다.

깁스의 목적은 골절된 부분이 움직이지 않게 해서 통증을 감소시키고, 움직임이 없는 상태에서 뼈가 붙도록 도와주는 것이다. 간혹 다리에 깁스를 하고 많이 걷거나 뛰어 깁스가 깨지는 경우가 있는데, 이는 치료에 도움이 되지 않는다. 깁스가 깨질 정도로 과도하게 걷거나 뛰는 것은 피하도록 한다.

한편 깁스를 풀고 난 뒤 오랫동안 쓰지 않아 해당 부위의 관절이 굳지 않을까 걱정하는데, 아이들은 크게 걱정하지 않아도 된다. 아이의 경우 깁스 기간이 어른보다 상대적으로 짧고 관절이 유연해서 물리치료 등이 필요하거나 오랫동안 관절이 굳는 등의 문제는 거의 없다. 다리의 경우 깁스를 풀면 잠깐 걷는 모습이 이상해 보일 수는 있으나 물리치료 없이도 대개 1~2주 안에 예전 모습으로 회복된다.

69
소아 당뇨

"소아 당뇨는 대부분 1형 당뇨지만
최근 소아 비만율이 증가하면서 2형 당뇨 발생도 늘고 있습니다."

　소아 당뇨란 일반적으로 1형 당뇨를 말한다. 당뇨병은 1형 당뇨, 2형 당뇨, 임신성 당뇨 등 여러 종류로 분류되는데, 1형 당뇨는 소아에서 주로 발생해 소아 당뇨라고도 한다. 1형 당뇨는 췌장에서 인슐린이 분비되지 않아 발생하는데, 주로 젊은 연령층의 야윈 체질에서 나타난다.

　2형 당뇨는 췌장에서 분비되는 인슐린의 양이 적거나 인슐린 저항성으로 인해 인슐린을 몸에서 제대로 사용하지 못하는 데서 비롯되며, 비교적 고령의 과체중인 사람에게서 서서히 발병하는 특징을 갖고 있다. 이전에는 어린아이에게서 당뇨가 발생하면 대부분 1형 당뇨였지만 최근에는 어린아이와 청소년의 비만이 늘어나면서 2형 당뇨 발생이 느는 추세다.

　1형 당뇨는 체내에서 인슐린을 생산하지 못하는 경우이기 때문에 반드시 인슐린 주사를 투여해야 한다. 2형 당뇨는 췌장에서 인슐린을 분비하는 베타세포가 파괴되어 발생하는데, 이렇게 파괴된 베타세포는 재생되지 않는다. 따라서 평생 인슐린을 분비하지 못하기 때문에 인슐린 주사 치료는 필수이며, 일반적으로 하루 4회의 인슐린 주사를 투여한다. 어린 나이부터 주사 치료를 하는 것은 안타깝지만, 인슐린 주사 치료만 꾸준히 하고 혈당 관리만 잘한다면 건강한 사람과 전혀 다르지 않게 운동이나 식사, 일상생활을 할 수 있다.

아는 만큼 보이는 소아 당뇨

혈당을 조절하는 인슐린 호르몬의 결핍으로 인해 혈액 내 당 수치가 올라가면 가장 먼저 나타나는 증상이 소변을 자주 보는 것이다. 밤에 일어나서 소변을 보는 야뇨 증상이 나타나고, 소변으로 빠져나간 수분을 보충하기 위해 물을 많이 마신다. 또 식사량이 늘어나는 반면 체중은 줄어든다.

당뇨는 에너지원이 되는 당분이 세포에서 사용되지 못하고 돌아다니는 상태로, 세포가 에너지원으로 쓰일 당분이 들어오지 않아 계속해서 배가 고프다는 신호를 보내 음식을 많이 먹게 된다. 그러나 음식을 많이 먹어도 당이 제 곳에 쓰이지 못하고 소변으로 빠져나가기 때문에 당 대신 단백질을 에너지원으로 사용하면서 몸속 단백질의 양이 급속하게 감소해 체중이 줄어들게 되는 것이다. 이러한 증상을 보인다면 반드시 혈당 검사를 해보아야 한다.

Q1. 소아 당뇨도 합병증을 조심해야 하나요?

→ 당뇨는 당뇨 자체도 문제지만 합병증이 있어 더 무서운 병이다. 1형 당뇨 역시 합병증이 발생할 수 있다. 당뇨로 인한 만성 합병증은 망막증, 신장병증, 신경 장애, 심혈관 질환 등이다.

Q2. 소아 당뇨가 있으면 성장에 문제가 생기나요?

→ 당뇨를 치료하지 않고 내버려 둔다면 더 큰 문제가 생길 수 있지만, 제대로 치료받고 혈당 관리만 잘하면 성장에 큰 문제가 생기지는 않는다.

Q3. 뚱뚱한 아이들이 당뇨에 걸릴 확률이 높나요?

→ 소아 당뇨는 주로 1형 당뇨로, 1형 당뇨는 비만이 원인이 아니다. 다만, 비만의 경우 2형 당뇨가 생길 위험성이 높고, 요즘은 어린 아이에게서도 2형 당뇨가 생기는 추세이므로 체중 관리에 신경을 쓰는 것이 좋다.

Q4. 소아 당뇨를 예방할 방법이 있나요?

→ 1형 당뇨는 단순히 단것을 많이 먹어서 또는 TV를 많이 봐서 발생하는 것이 아니다. 따라서 생활 습관, 식습관 등으로 1형 당뇨를 예방하기는 힘들다. 다만 편식하지 않고 골고루 먹는 습관, 규칙적인 운동, 숙면 등의 건강한 생활은 2형 당뇨 및 여러 질병을 예방하는 데 도움이 된다.

70
소아 병원 가이드

"소아청소년과는 아이의 몸 상태를
번역해주는 곳이므로 가장 먼저 찾아가는 게 좋아요."

아이가 열이 나거나 어디가 아프면 엄마는 마음이 급해진다. 더욱이 아이가 어려 정확히 어디가 얼마나 아픈지 의사소통이 되지 않을 때는 덜컥 겁도 난다. 그럴 때 아이의 몸 상태를 번역해주는 사람이 바로 소아청소년과 전문의다. 아이에게 자주 생기는 기침, 가래, 콧물이 일반적인 감기로 인한 증상이라면 소아청소년과에서 치료할 수 있지만, 때로는 전문 분야의 치료가 필요한 질병일 수도 있다.

예를 들어 코 막힘이 비중격만곡 때문이라면 이비인후과에 가야 하고, 기침이 많은 기관지염이라면 폐렴으로 갈 수 있으므로 소아청소년과에서 진료를 받는 것이 좋다. 또 6개월에서 6세 사이의 아이가 열성 경련을 일으켜 병원을 찾으면 단순 열성 경련은 추가 검사 없이 해열제 하나면 해결되는 경우가 많지만, 그 연령대를 벗어나거나 몇 가지 위험 요소가 있다면 간질 전문클리닉에 가야 할 수도 있다.

소아청소년과 전문의는 아이의 몸 상태를 진찰한 후 소아청소년과에서 치료해야 할지 아니면 다른 과로 가야 할지를 알려준다. 따라서 아이가 아프다면 먼저 소아청소년과를 방문해 의사의 처방에 따라 계속 소아청소년과에서 진료를 받을지, 다른 병원이나 클리닉으로 갈지를 정하는 것이 가장 좋다.

이럴 땐 어느 병원으로 가는 게 맞나?

| CASE 1 | 단순 코감기인 줄 알았는데 부비강염이라고 하네요. 부비강염, 중이염 등의 질병은 이비인후과에 가는 것이 맞나요?

우리나라에는 아직 소아 이비인후과 세부 전문의가 없다. 또 이비인후과는 외과적 처치와 수술이 우선인 곳이고, 소아청소년과는 약물치료를 위주로 하는 곳이다. 수술이 필요한 상황이 아니라면 대부분은 이비인후과보다는 소아청소년과에서 치료를 받는 것이 더 효과적이다. 다만 귀나 코를 자세히 볼 수 있는 카메라 등의 장비를 갖춘 곳이 진단하는 데 도움이 될 수는 있다.

| CASE 2 | 아이에게 충치가 있는 것 같은데 어떤 치과에 가야 할지 모르겠어요. 요즘은 어린이 치과도 많던데 일반 치과와 다른가요?

어린이 치과는 단순히 어린이들을 주로 받는 치과가 아니라 소아 치과 전문의가 있는 곳이다. 일반 치과 과정을 마치고 2년 동안 소아 치과 수련을 마친 후 시험에서 합격한 사람들만 소아 치과 전문의 자격을 얻을 수 있다. 유치부터 영구치까지, 어른과는 다른 아이들의 치과 치료를 전문으로 하는 병원으로, 청소년 미만의 아이들이 주로 치료를 받는다.

| CASE 3 | 밤에 아이가 열이 나면 당장 응급실로 가야 하는지, 아

침까지 기다렸다가 외래 소아청소년과를 가야 하는지 잘 모르겠어요.

의사가 직접 아이를 보기 전에는 응급 질환인지 아닌지 확인할 수 없다. 다만 열이 40℃가 넘는다고 해서 꼭 응급실에 가야 하는 것은 아니며, 37℃ 후반이어도 열성 경련을 한다면 바로 응급실로 가야 한다. 그리고 응급실에 갈 때는 소아 응급 전문의가 있는 곳이 좋다. 해열제를 먹이자 열이 떨어지고 아이가 힘들어하지 않는다면, 물을 많이 먹이고 아침까지 기다렸다가 아이에 대해 잘 아는 다니던 병원에서 진료를 받는 것이 가장 좋다.

| CASE 4 | 아이에게 ADHD 증상이 있는 것 같아요. 소아청소년과와 소아정신과 중 어디를 가야 할까요?

ADHD, 강박증, 집착증 등 정신적인 질환이 의심된다면 바로 소아정신과를 찾는 것이 가장 좋다. 소아정신과가 아닌 병원들을 전전하다 발견이 늦어 치료 시기를 놓치면 고생할 수도 있다. 소아정신과는 약물치료만 하는 것이 아니라 상담이나 놀이 치료, 심리 치료 등도 하므로 소아정신과 방문을 망설이지 말고 꼭 방문해 진찰을 받은 뒤 아이에게 맞는 치료 방법을 찾는 것이 좋다.

71
소아 비염

*"비염은 면역계 질환으로 오래 내버려 둘 경우
만성 비염으로 이어질 수 있습니다."*

처음부터 비염 증상으로 시작하는 비염은 드물다. 대개 코감기를 제때 치료하지 않거나 치료 중 비염에 나쁜 영향을 주는 찬 음식, 밀가루 음식 등을 계속 먹어 코감기가 완치되지 않고 계속되면 비염으로 발전하는 비율이 높다. 또 초등학생 미만 아이의 알레르기성 비염은 부모로부터 유전되는 경우가 많다. 부모 모두 비염이 있으면 75%, 한쪽 부모가 비염이면 50%, 부모가 비염이 없어도 15%의 비율로 비염 증상이 나타난다.

소아 비염은 대부분 유전적인 영향으로 태어날 때부터 차가운 폐 기운을 타고난 것으로 볼 수 있다. 아이들은 기본적으로 체열이 높으므로 찬 것을 좋아하는 성향이 있다. 감기 증상이 있는데도 찬 것을 먹으려 하고, 빵이나 과자, 밀가루 음식을 먹으려 하는데, 비염에 찬 음식과 밀가루 음식은 독과도 같다. 비염 증상이 있는 아이라면 당연히 자제시켜야 하고, 아이에게 비염 증상이 없다 하더라도 비염 가족력이 있다면 찬 음식이나 밀가루 음식은 되도록 자제시킨다.

소아 비염 방치하면 만성 비염으로 이어진다

대개의 비염은 면역계 질환이기 때문에 오래 내버려 두면 나이가 들수록 면역력이 떨어지면서 비염 증상이 점점 심해진다. 코 막힘으로 인해 두통이 오고, 이로 인해 집중력이 떨어질 수 있으며, 잦은 재채기로 기운이 거슬러 올라가 만성 두통을 유발하기도 한다. 또 코를 자주 풀어 코 주위가 허는 궤양, 염증 증상, 딸기코가 될 수 있고, 콧물을 풀지 않고 마시는 경우 인후염, 가래 음음거림, 구취 등이 생길 수 있으며, 심할 경우 위장 장애까지 유발할 수 있다.

따라서 적절한 치료와 생활 습관으로 비염을 초기에 잡고 예방하는 것이 중요하다. 알레르기성 비염의 경우 집 먼지 진드기, 개털, 꽃가루 등 알레르기를 유발하는 물질을 피하는 것이 가장 좋다. 심할 경우 항히스타민제를 비롯한 약물치료를 하기도 한다.

한의학에서는 비염의 근본 원인을 폐의 문제로 보기 때문에 폐의 기운을 따뜻하게 만들어 알레르기 유발 물질과 접촉해도 증상이 나타나지 않게 치료한다. 또 코의 예민도를 떨어뜨리기 위해 한약 연고를 코 안에 묻혀 재채기, 콧물 증상을 유발함으로써 콧속 점막을 일반인 수준으로 둔감하게 만드는 치료를 하기도 한다. 무엇보다 비염은 예방이 중요하다.

① 알레르기 원인 물질 피하기

제일 중요한 것은 알레르기를 유발하는 물질과 되도록 접촉하지 않는 것이다. 애완동물은 키우지 않는 것이 좋고, 2주에 한 번은 침구류를 세탁하고 소독해 집 먼지 진드기를 봉쇄한다.

② 감기는 제때 치료할 것

266

감기를 결코 가벼이 여겨서는 안 된다. 감기 증상이 있으면 휴식을 취하고 따뜻한 물을 자주 마시게 해 몸을 따뜻하게 한다. 무엇보다 감기를 오래 끌지 않는 것이 중요하다.

③ 찬 음식, 밀가루 음식 피하기

찬 음식과 밀가루 음식은 비염을 더욱 악화시키는 원인으로 되도록 먹지 않게 한다.

④ 물을 자주 마신다

대기가 건조해지면 코와 목, 눈의 점막과 피부의 천연 보호막이 약해지고 민감해진다. 수분을 충분히 섭취해 콧속 점막이 건조해지는 것을 막는 것이 중요하다. 물은 실온에 둬 찬기가 가신 다음 마시게 한다.

⑤ 적정 습도 유지하기

실내 습도가 너무 높으면 집 먼지 진드기가 생기기 쉽고, 너무 낮으면 콧속 점막이 건조해지기 쉽다. 집 안의 습도를 50~55% 정도로 유지한다.

비염은 코에 나타나는 증상이 코감기, 축농증 등과 비슷해 헷갈리기 쉽다. 그러나 비염과 감기, 축농증은 원인이 다르므로 치료 방법 역시 다르다. 기본적인 차이점을 알아두어 제때 바른 치료를 받도록 하자.

비염

코 막힘, 맑은 콧물, 재채기, 눈코 가려움 등의 증상이 최소 보름 이상 계속된다. 또 알레르기성 비염의 경우 특정한 상황에서만 증상이 나타나다가 상황을 벗어나면 바로 증상이 사라지기도 한다.

코감기

감기 증상은 콧물을 비롯해 기침, 목 아픔, 열, 두통, 오한, 몸살 등 온몸에 증상이 나타난다. 경증의 경우 병원 치료를 받지 않더라도 일주일에서 보름 사이에 낫는다.

축농증

축농증은 고개를 숙일 때 코 옆 볼이나 미간 주위가 욱신거리거나 물 같은 누런 콧물이 계속 나오는 등의 증상을 보인다. 대개 감기나 알레르기 비염을 오래 앓으면 합병증으로 발생한다. 누런 콧물이 나오고 아침에 눈 주위가 붓거나 눈 주변의 두통을 호소하는 경우 축농증을 의심해봐야 한다.

72
소아 빈혈

"소아 빈혈은 철 결핍성 빈혈이 대부분으로
성장 발달 전반에 영향을 미쳐요."

빈혈은 혈액 내 적혈구 수나 혈색소량이 정상보다 떨어진 상태를 의미한다. 빈혈의 원인은 영양 결핍, 용혈, 골수 기능 상실, 출혈 등 복합적인데 소아기의 빈혈은 대부분 철 결핍성인 경우가 많다. 음식으로 섭취하는 철의 양이 부족하거나 빠른 성장으로 인해 철의 수요가 많아져 나타나는 현상이다.

특히 9개월부터 만 3세에 이르는 시기에는 이 두 가지 위험 요소가 동시에 일어날 수 있어 철 결핍성 빈혈이 발생하기 쉽다. 즉, 이 시기에는 급속한 성장이 이루어지고, 모유나 분유에서 이유식으로 넘어가는 과정이라 음식으로 섭취하는 철의 양이 부족해 철 결핍성 빈혈이 흔히 발생한다. 따라서 이유식을 할 때는 철이 풍부한 음식을 먹여야 하는데, 아이들이 처음 이유식을 먹을 때 거부하는 경우가 많아 철분 결핍에 취약해지곤 한다.

그러나 철분 섭취 부족으로 생기는 빈혈은 대부분 철이 많이 들어 있는 고기 등 음식물 섭취로 개선할 수 있으므로 크게 염려할 필요는 없다. 다만, 드물지만 어린아이에게도 위장 장애나 기타 선천적·후천적 원인으로 인해 빈혈이 발생할 수 있으므로 검사를 통해 정확한 원인을 알아보는 것이 좋다. 빈혈이라고 하면 검사도 하지 않고 철분 영양제부터 먹이는 경우가 있는데, 철 결핍성 빈혈이 아닌 아이가 철분제를 복용하면 몸에 쌓여 독성을 나타내므로 반드시 검사 후 먹이도록 한다.

일시적으로 생긴 가벼운 빈혈은 음식만 균형 있게 섭취해도 모르고 지나갈 때도 있다. 어지럼증은 빈혈의 증상 중 하나지만 아이들은 어른처럼 어지럼증을 느끼지 않아 어지럼증으로 빈혈을 판단하기는 힘들다. 이로 인해 소아 빈혈의 경우 어느 정도 빈혈이 지속된 후에야 증상을 보여 부모가 뒤늦게 알아채는 경우가 대부분이다. 소아 빈혈의 가장 큰 특징은 얼굴이 창백하고 잘 먹지 않으며, 잘 보채고 숨이 가쁘거나 맥박이 빨라지는 증상을 보인다. 간혹 종이나 흙을 집어 먹는 행동을 보이기도 한다.

철분은 아주 중요한 영양소로 식습관에 신경 쓴다

혈액의 산소 운반 능력이 떨어지면 몸 구석구석에 필요한 산소가 부족해지고, 이러한 빈혈이 계속되면 성장과 발달에 문제를 일으킬 수 있다. 잘 먹지 않아 철분과 비타민 결핍이 심해지고, 기운이 없으므로 운동할 때 숨이 차고 심장 박동 수가 빨라지면서 심장 기능에도 문제가 생길 수 있다. 나아가 면역 기능과 뇌 신경계 기능 저하도 올 수 있는 등 성장 발달 전반에 심각한 영향을 미친다.

특히 철분은 혈액 생성뿐만 아니라 몸의 대사에도 관여하는 아주 중요한 영양소로, 이것이 부족하면 인지능력이 약해지는 등 신경학적으로도 심한 손상을 받는다. 중요한 점은 한번 생긴 손상은 되돌릴 수

270

없다는 것이다. 따라서 철분 결핍이 생기지 않도록 주의해야 한다.

① 철분이 많이 들어 있는 음식 섭취하기

가벼운 빈혈은 평소 고기나 철분이 많이 함유된 음식만 잘 먹어도 금방 해소된다. 이유식을 하기 전에는 모유만으로 필요한 영양소가 공급되지만, 이유식 이후에는 철분이 많이 든 음식을 섭취하고 때에 따라 의사의 처방을 받아 철분제를 별도로 섭취해야 한다.

철분이 많이 들어 있는 음식으로는 붉은 살코기(쇠고기 등), 달걀노른자, 미역, 채소, 생선, 닭고기, 콩, 김 등이다. 이 중에서도 특히 고기에 든 철분은 몸에 더 잘 흡수되므로 자주 먹이는 것이 좋다. 비타민 C는 철분 흡수를 도와주므로 오렌지 주스 등의 섭취도 철분 영양면에서는 도움이 된다.

② 생우유 많이 마시지 않기

우유는 칼슘의 공급원이라 성장기 아이들에게 필요한 음식이다. 하지만 생우유는 철분 함량이 매우 낮고, 12개월 전에 먹으면 위장관 장애가 발생할 수 있으므로 12개월 이후에 하루 250~500cc 이하로 먹이는 게 좋다. 생우유를 많이 먹으면 철분이 풍부한 다른 고형 음식을 먹지 않아 철분 영양이 아주 나빠지므로 주의한다.

73

소아 사시

"사시를 내버려 두면 시력이 약해지는
약시가 발생할 수 있으니 제때 치료가 필요합니다."

아이의 눈 모양은 어른의 눈과 흡사하지만, 기능은 엄마 뱃속에서 나오는 순간부터 발달하기 시작한다. 신생아의 경우 아주 흐릿하게 찍힌 흑백 사진 정도의 시력으로 사물을 본다. 생후 2개월에는 2~3m 거리의 물체를 보고 색을 인지할 수 있으며, 6개월에는 0.1, 돌 이후에는 0.2, 3세 때는 0.6, 4~5세가 되어야 비로소 1.0 이상의 시력이 된다.

또한, 두 눈으로 본 물체를 하나로 합쳐 입체화시키는 정상 시 감각 기능은 3~4개월부터 발달하기 시작해 만 8~9세가 되어야 완성된다. 따라서 어린아이의 시력은 계속 발달 중이므로 어른의 시력과 비교해서는 안 되며, 이상 요인이 있다면 조기에 바로잡아야 시력이 정상으로 발달할 수 있다.

가성 사시는 사시가 아닌데 눈동자의 위치 때문에 사시처럼 보이는 것을 말한다. 동양 아이들은 미간이 넓고 코는 낮으며, 대체로 쌍꺼풀이 없고 눈도 작은 편이다. 게다가 양쪽 눈의 몽고주름이 눈 안쪽 흰자를 가려 까만 눈동자가 눈 안쪽으로 몰려 있는 것처럼 보이는 경우가 많다.

하지만 성장하면서 얼굴 살이 빠지고 콧대가 서면 가려졌던 눈 안쪽 흰자가 노출되어 몰려 보이던 눈동자가 제 위치를 찾는다. 따라서 6개월 이전 아이의 눈이 안쪽으로 몰려 보인다고 크게 걱정하지 않아도 된다. 하지만 6개월 이후에도 몰려 있다면 전문의를 찾아 사시 여부를 확인하도록 한다.

사시 내버려 두면 약시 생길 수 있다

소아 사시는 아이의 두 눈이 정렬되지 않고 서로 다른 지점을 바라보는 대표적인 소아 눈 질환이다. 정상적인 눈은 뇌와 밀접하게 연결되어 있어 두 눈동자로 본 정보를 뇌로 전달해 하나의 입체 이미지를 만든다. 그러나 사시가 있는 아이는 두 눈의 초점을 하나로 맞추기가 어렵고, 눈동자가 서로 다른 물체를 보기 때문에 뇌가 하나의 사물을 입체적으로 인식하기가 힘들다.

흔히 사시는 보기에 안 좋을 뿐이라고 알고 있는데 이는 오해다. 사시를 내버려 두면 시력이 약해지는 약시가 발생할 수 있기 때문이다. 사시로 인한 약시는 주로 한쪽 눈에만 발생하며, 시력표에서 두 눈의 시력이 두 줄 이상 차이 나고, 안경 교정으로도 정상 시력이 되지 않는다. 따라서 정상적인 시력 발달을 위해서라도 사시는 제때 치료해야 한다.

사시 진단을 받았다면 즉시 교정 수술을 하는 것이 좋다. 외관상으로는 보통 생후 6개월부터 3세경에 보이기 시작하는데, 이때 내버려두면 제때 시력이 발달하지 못해 어른이 돼도 회복이 어렵다. 특히 출생 직후에 나타나는 영아 사시의 경우 늦어도 2세 이전에 수술하는 것이 효과적인데, 6~18개월에 수술을 하면 가장 좋은 결과를 얻을 수 있다. 2세 이후의 수술은 예후가 좋지 못하거나 수술이 잘되었다고 해도 수술 후의 정상인 상태가 오래가지 않는 경우도 있다.

건강한 눈 만드는 생활 습관

① 영상 매체는 되도록 멀리

컴퓨터나 스마트폰, TV 등을 가까이에서 보면 눈의 조절 근육이 수축해 눈이 쉽게 피로해진다. 하루에 최대 2회 정도로 제한하면서 한 번에 20~30분 이내로 되도록 멀리서 시청하도록 지도한다.

② 올바른 자세로 책 보기

책을 볼 때는 책과 눈의 거리를 35~40㎝로 유지하고 바른 자세로 앉아서 읽도록 생활 습관을 들인다. 실내조명은 그림자가 생기지 않을 정도의 300~500lx 밝기로 하고, 빛이 눈에 직접 닿지 않게 한다. 1시간 독서 후에는 10분 정도 휴식을 취해 눈이 쉴 수 있게 한다.

③ 야외활동 자주 하기

놀이터나 공원 등에서 뛰어놀면 아이의 몸과 마음뿐만 아니라 눈도 건강해진다. 야외에서는 자연스럽게 멀리 있는 것을 바라보기 때문이다. 또한, 산과 나무 등의 초록색이 눈을 편안하게 만들어준다.

74
손톱

*"평소 손톱의 건강 상태를 잘 살피면
몸의 이상 신호를 알아챌 수 있습니다."*

건강한 손톱은 예쁜 선홍빛에 반짝반짝 빛나는 손톱이다. 손톱은 털이나 땀샘, 피지선과 같은 피부 부속물 중 하나로 손톱의 변화는 피부 질환과 관련 있는 경우가 가장 많다. 그러나 간혹 빈혈이나 혈액 질환의 지표가 되기도 하므로 평소 아이의 손톱 건강 상태를 잘 살피면 몸의 이상 신호를 알아챌 수 있다.

① 손톱 자체가 없거나 너무 작은 경우

몇 가지 선천적인 병일 가능성이 있다. 대표적인 예가 터너증후군, 파타우증후군, 에드워드증후군 등인데 이 경우 손톱 외에도 전신적인 증상이 많으므로 대부분 출생 전이나 출생 즉시 발견된다.

② 손톱에 하얀 점이 생기는 경우

손톱에 하얀 반점이나 하얀 줄처럼 보이는 것이 생긴 원인은 외상인 경우가 많다. 또 빈혈, 결핵 감염, 비소중독, 신장이나 간이 안 좋을 때 관찰되기도 한다.

③ 손톱에 검은 반점이 생기는 경우

보통은 멜라닌 색소가 원인으로 큰 문제가 되진 않는다. 그러나 손톱의 모서리가 검게 변했다면 녹농균 감염일 수 있으므로 피부과를 찾아 약물치료를 받아야 한다.

④ 손톱이 갈라질 때

외상이 원인인 경우가 많으며 아토피 피부염이나 건선 피부, 보습제나 화장품에 오래 노출되었을 때도 발생한다.

⑤ 잘 부서지는 손톱

손톱을 물어뜯는 영유아에게서 흔히 생기는 증상이다. 또한, 비누나 세제, 매니큐어 등에 자주 자극받아도 쉽게 부서질 수 있다. 손톱에 하얀 줄이 생기면서 부서지는 경우는 홍역, 볼거리, 폐렴, 아연 결핍이 원인일 수 있으므로 병원을 찾아 건강 상태를 확인하는 것이 좋다. 아연 결핍은 혈액 검사로 간단히 확인할 수 있다.

⑥ 가로줄이 생긴 손톱

극심한 피로나 빈혈 등으로 인해 일시적으로 손발톱의 기능이 떨어졌을 때 생길 수 있다. 충분한 수면과 휴식을 통해 체력을 회복한다.

⑦ 세로줄이 생긴 손톱

편식하는 아이에게서 자주 볼 수 있다. 전신 쇠약이나 영양 부족이 오지 않도록 비타민과 단백질이 풍부한 건강 식단을 챙겨주는 것이 좋다.

⑧ 손톱 표면이 울퉁불퉁하고 피부도 벗겨질 때

곰팡이 감염, 즉 무좀인 경우가 많다. 적절한 피부 연고만으로도 호전되므로 피부과를 방문해 치료를 받는다.

아이의 손발톱도 관리가 필요하다

내향성 손발톱은 손발톱이 살 속으로 파고들어 염증이 생기는 질환으로, 어릴수록 손발톱을 꽉 쥐는 경향이 있어 내향성 손발톱이 되기 쉽다. 손톱보다는 주로 엄지발톱에 많이 생기는 편인데, 발톱 주위가 곪기 시작하면 통증으로 인해 걷기가 불편하고, 염증이 심해지면 연조직염 같은 2차 감염이 발생할 수 있다.

이미 곪아서 염증이 생긴 경우에는 가까운 소아청소년과를 찾아 소염제 처방이 필요한지, 터뜨려야 하는 경우인지를 확인하고 그에 맞는 치료를 해야 한다. 내향성 손발톱을 예방하려면 손발톱 끝을 둥글게 깎지 말고 일자로 깎아 네모난 모양으로 만들고, 손발톱의 양 끝이 항상 외부에 노출되게 한다. 또 앞볼이 좁은 신발을 장시간 신기지 않는 것이 좋다.

Q1. 손톱은 얼마나 자주 잘라주어야 하나요?

→ 손톱이 자라는 속도는 개인마다 다르나 일반적으로 일주일에 두 번쯤 잘라주는 것이 좋다.

Q2. 손톱의 길이는 어느 정도로 잘라주어야 하나요?

→ 짧게 깎아주는 것이 좋은데, 이때 손톱의 흰 부분이 보이지 않을 정도로 바짝 자르면 살을 파고들어 파상풍의 위험이 있으므로 하얀색이 약간 보일 정도로 짧게 깎아준다.

Q3. 건강한 손톱 관리법이 궁금합니다.

→ 손톱 역시 피부처럼 건조하지 않게 하는 것이 가장 중요하다. 손톱 주변에 상처가 있다면 될 수 있는 대로 물에 닿지 않도록 조심하고 잘 소독해준다. 또 평소 보습제를 바를 때 손톱 끝까지 발라주면 손톱 보습에 도움이 된다.

Q4. 발톱 관리는 어떻게 해야 하나요?

→ 발톱 관리도 손톱과 같다. 다만 엄지발톱은 내향성 발톱이 되기 쉬우므로 좀 더 신경 써서 일자로 깎아 네모난 모양으로 관리하는 것이 좋다. 발톱 끝이 지나치게 들려 잘 부러질 때는 발톱 끝이 살 안쪽으로 들어가지 않도록 주의하며 끝을 약간 둥글게 깎아주는 것이 좋다.

75
시력

"아이의 시력은 신생아 때부터 4~5세까지 계속 발달하므로
철저한 관리가 필요합니다."

갓 태어난 아이의 시력은 눈의 구조가 정상이어도 시신경이나 뇌 발달이 미숙해 어른 시력의 50%에도 못 미친다. 시력은 자라면서 점점 발달해 2~3세가 지나면 어른의 60~80%에 해당하는 시력을 가지고, 만 5~6세가 되면 평생 눈 건강의 기초가 완성된다. 그리고 7~8세가 되면 모든 시력 기능이 완성돼 눈 상태가 완벽해진다.

키는 청소년기까지 자라지만 시력은 오직 이때만 발달하기 때문에 이 시기에 시력이 온전하게 완성되지 않으면 나중에 시력을 발달시킬 방법이 없다. 다양한 교정술도 말 그대로 만들어진 시력을 교정하는 정도의 시술이라는 점을 고려하면 아이의 평생 시력을 책임질 이 시기가 얼마나 중요한지 짐작할 수 있다.

영상 매체는 시력 발달을 저해하는 가장 큰 원인

요즘 아이들은 옛날보다 일찍부터 다양한 영상 매체를 접한다. 언제부터 아이에게 안심하고 영상을 보여줘도 될까? 전문가들은 시력이 가장 활발하게 발달하고 형성되는 시기인 돌 전에는 되도록 영상을 보여주지 말라고 권한다. 영상 매체가 시력 발달을 저해하는 가장 큰 요인으로 작용하기 때문이다. 시력이 거의 완성되는 4~5세까지도 가능하면 영상을 자주 보여주지 않는 게 좋다.

과거에는 시력이 나빠지는 대표적인 요인으로 유전을 꼽았다면 요즘은 단연 눈 관리 소홀을 꼽는다. 일찍부터 다양한 영상을 접하고 어린 시절부터 학업량이 많아 후천적인 근시가 점점 증가하고 있다. 아이의 평생 시력을 위해서는 일상생활 속에서 시력에 영향을 미치는 나쁜 습관을 바로잡아야 한다.

① 오랜 시간 영상 매체나 책 보기

오랜 시간 동안 영상이나 책을 보면 눈의 피로가 누적되면서 시력이 약해지고 시력이 떨어지는 것은 물론 안구 건조증까지 올 수 있다.

② 나쁜 자세로 보기

바르지 못한 자세로 책이나 태블릿 PC 등 미디어 기기를 보는 것도 시력 발달에 나쁜 영향을 미친다. 너무 가까이에서 보거나 엎드려서 보면 바른 자세로 앉아서 볼 때보다 시력이 더 빨리 떨어진다.

③ 너무 밝거나 어두운 곳에서 보기

지나치게 밝은 것도 눈에 좋지 않지만 어두운 곳에서 영상이나 책을 보면 눈 건강을 해칠 수 있다. 캄캄한 방에서 스마트폰을 보면 눈이 화면의 빛에 노출돼 평소보다 많은 양의 활성산소를 만든다. 활성산소는 눈의 정상 세포를 파괴하는 주범이므로 적절한 밝기로 조명을 조절해야 한다.

Q1. 어두운 곳에서 책을 보면 눈이 나빠진다?

→ 어두운 환경과 시력은 직접적인 연관이 없다. 다만 어두운 환경보다 밝은 불빛에서 독서를 할 때 눈이 좀 더 편안해 피로를 덜어주는 효과가 있다.

Q2. 안경을 쓰면 눈이 점점 더 나빠진다?

→ 일반적으로 20대 중반까지는 신체의 성장에 따라 근시 진행이 계속되고, 20대 중반이 지나면서 근시 진행이 멈춘다. 어린아이들이 안경을 쓰고부터 시력이 더 나빠지는 것은 나이가 증가하면서 자연스럽게 나타나는 현상으로, 이 경우 안경을 쓰지 않아도 시력은 똑같이 나빠진다.

Q3. 시력은 유전이다?

→ 부모가 심한 근시, 원시, 난시가 있는 경우 후천적으로 성장하면서 혹은 노화 과정에서 시력 저하가 발생할 수 있다. 또 유전성 각막이영양증, 일부 선천백내장, 유전성 망막병증이나 시신경병증 등의 일부 안 질환은 유전되기도 한다.

아이의 시력은 5세 이전에 가장 많이 발달하고 7~9세 정도에 끝나기 때문에 시력은 태어날 때부터 꾸준히 신경 써야 한다. 적어도 만 3세 전에는 반드시 안과 검진과 시력 검사를 받아야 한다. 신생아 때도 사시나 눈물샘에 해당하는 눈물주머니에 염증이 생기는 누낭염이 생길 확률이 높으므로 검진은 필수다.

검진은 눈에 보이는 글자나 그림, 숫자를 읽는 주관적인 시력 검사가 가장 정확하지만, 너무 어려 이러한 검사가 어렵다면 객관적인 시력 검사를 받는다. 개월 수와 상관없이 근시, 원시, 난시, 사시 등 객관적인 시력 검사는 가능하다. 만 3세 전에는 기기로 하는 안과 검진과 시력 검사를 받고, 4~5세경에는 반드시 성인이 하는 검진을 받는다. 첫 검사 후에는 1년에 최소 두 번씩 정기 검진받는 것을 권한다.

76
안검하수

"선천적 원인이 대부분이며,
증상이 심할 경우 약시가 될 수 있습니다."

안검하수는 선천적 또는 후천적으로 위쪽 눈꺼풀을 올렸다 내렸다 하는 근육의 힘이 약해 위쪽 눈꺼풀이 아래로 처지는 질환을 말한다. 아이들에게 나타나는 안검하수는 선천적으로 위쪽 눈꺼풀 올림근의 발달에 이상이 생겨서 발생하는 경우가 많다.

유전적으로 상염색체 우성 유전 또는 돌연변이로 나타날 수 있지만 대개 유전적인 경향 없이 안검하수가 발생한다. 드물게는 마르쿠스건 틱 증후군이나 눈꺼풀 틈새 증후군 때문에 안검하수가 발생하기도 한다. 선천성 안검하수는 생후 6개월이면 검사할 수 있다.

안검하수는 수술 치료가 원칙이다

선천성 안검하수는 한쪽 또는 양쪽 위 눈꺼풀이 아래로 처져 까만 눈동자가 덮여 있다. 이때 아이는 물체를 보기 위해 이마를 위로 들어 올리고 눈을 치켜뜨는 버릇을 갖거나 턱을 들고 앞을 보는 증상을 보인다. 안검하수가 심한 경우 아래로 처진 위 눈꺼풀이 동공을 가리면서 시력 발달을 막아 약시가 생길 수 있다. 따라서 아이에게 안검하수가 있으면 빠르게 안과를 찾아 치료를 받고, 때에 따라서는 조기에 수술을 받아 아이의 시력이 정상적으로 발달할 수 있게 해준다.

안검하수의 치료 원칙은 수술이다. 수술 시기는 안검하수의 정도, 눈의 모습 그리고 약시 발생 가능성 등을 고려해서 결정한다. 안검하수가 심해 약시가 생길 가능성이 크면 되도록 빨리 수술을 해 시력 발달을 도와주도록 한다. 반면 상태가 심하지 않아 아이의 양쪽 눈 모두 정상적인 시력 발달을 기대할 수 있다면 보존 치료를 하며 경과를 보다가 만 3세 이후에 수술한다.

수술 방법은 눈꺼풀 올림근 절제술과 이마근 걸기술 두 가지다. 눈꺼풀 올림근의 힘을 측정해 힘이 약하면 이마근 걸기술, 힘이 어느 정도 있으면 눈꺼풀 올림근 절제술을 시행한다. 안검하수 수술은 눈꺼풀을 위로 당기는 수술이기 때문에 수술 이후 눈이 완전히 감기지 않을 수 있다. 눈이 완전히 감기지 않으면 눈이 건조해져 각막에 손상이 생기고 심한 경우 각막 궤양, 각막 천공 등의 심각한 합병증이 발생할 수 있다. 따라서 수술 후 낮에는 인공 누액을 자주 넣고 밤에는 인공 눈물과 안연고를 충분히 발라 각막을 건조하지 않게 관리해준다.

속눈썹이 눈을 찌르면 각막 염증이 생기기 쉽다

속눈썹 찔림은 속눈썹이 난 방향이 안으로 향하거나 속눈썹이 눈꺼풀 피부나 근육에 밀려 각막이나 결막을 찌르는 질환이다. 서양인보다는 동양인 영유아에게서 흔히 발견되며, 주로 아래 눈꺼풀에 잘 나타난다. 속눈썹이 눈을 찌르면 각막이 상처를 입고, 심한 경우 각막 염증이 생겨 영구적인 시력 장애가 발생할 수 있다.

어른의 경우 불편함을 스스로 인지해 병원을 찾지만, 아이들은 불편하다고 말하는 경우가 거의 없어 방치되기 쉽다. 아이가 다음과 같은 증상을 보인다면 속눈썹 찔림을 의심해보아야 한다.

- ☐ 아이가 유난히 눈물을 많이 흘린다.
- ☐ 햇빛을 잘 보지 못하고 눈부셔한다.
- ☐ 눈 주변을 자꾸 비빈다.
- ☐ 충혈이 잘되고 결막염에 자주 걸린다.

나이가 어리고 심하지 않을 때는 문제가 되는 속눈썹을 뽑고 경과를 관찰한다. 성장하면서 눈꺼풀 구조나 얼굴 형태가 바뀌면 속눈썹 찔림이 나아질 수 있기 때문이다. 그러나 만 3세 이후에도 증상이 호전되지 않는다면 속눈썹 찔림 수술로 치료해주는 것이 좋다. 속눈썹 찔림이 아래 눈꺼풀에서 발생하는 경우 속눈썹 아래 부위 여분의 눈꺼풀과 근육, 피부 일부를 절제하고 봉합해 속눈썹이 바깥쪽으로 향하게 해준다. 이 경우 수술 흉터는 거의 남지 않는다. 위 눈꺼풀은 쌍꺼풀을 만들어 속눈썹이 밖으로 향하게 해주어야 한다.

77
안 질환

"부모에게 안 질환이 있다면 유전될 가능성이 있으므로
시력 발달 상황을 늘 점검하세요."

부모가 심한 근시, 원시, 난시가 있다면 자녀 역시 굴절 이상일 확률이 높다. 부모가 모두 눈이 나쁜 경우 아이가 안경을 착용할 확률이 그렇지 않은 경우보다 6.4배 높다는 연구 결과도 있다. 또 유전성 각막이영양증, 일부 선천백내장, 유전성 망막병증이나 시신경병증 등의 일부 안 질환이 유전되기도 한다. 부모에게 안과 질환이 있다면 아이에게도 유전될 가능성이 있으므로 시력이 완성되는 6~7세 전에 안과를 방문해 진찰을 받고 시력 발달 상황을 확인한다.

① 멀리 있는 것이 보이지 않아요, 근시

근시는 눈에 들어간 빛이 망막보다 앞쪽에 초점을 맺는 눈의 굴절 이상을 말한다. 잘 보이지 않아 찡그리고 보는 경우가 많은데, 적절한 치료를 하지 않으면 약시로 인해 시력 장애가 발생할 수 있다. 영유아는 성장하면서 근시가 진행되는 경우가 많으므로 당장은 시력에 문제가 없어 보이더라도 주기적인 검진을 하도록 한다.

② 가까이 있는 것이 보이지 않아요, 원시

원시는 근시와 반대로 망막 뒤쪽에서 초점이 맺히는 굴절 이상을 말한다. 심하지 않은 원시는 조절력이 충분할 경우 특별한 증상이나 시력 저하가 없다. 그러나 원시가 심하면 시력이 떨어지고 적절한 시기에 안경을 착용하지 않으면 약시가 생길 수 있다. 또한, 과도한 조절로 인해 눈의 모임이 증가하면 눈이 안으로 몰리는 내사위나 내사시가 생길 수 있으므로 안과 검진을 꼭 받도록 한다.

③ 초점이 맞지 않아요, 난시

난시는 눈의 굴절력이 안구의 모든 면에서 같지 않아 한 점에서 초점을 맺지 못하는 굴절 이상을 말한다. 난시 역시 근시, 원시 등과 마찬가지로 심하면 안경을 써야 한다. 안경을 써 망막에 깨끗한 상이 맺히게 하는 적절한 시각적 자극이 있어야 시력이 제대로 발달한다.

④ 눈이 서로 다른 곳을 보고 있어요, 사시

우리 눈은 항상 시선이 주시하는 물체를 똑바로 보고 있어야 정상이다. 사시는 한쪽 눈의 시선이 나머지 한쪽 눈의 시선과 다른 경우를 말한다. 일반적으로 사시라 하면 외관상의 문제만 걱정하는데, 소아 사시는 입체적으로 사물을 보는 시력 저하의 원인이 되기 때문에 치료를 서둘러야 한다. 사시는 조기 발견과 조기 치료가 중요한 질환으로 사시가 의심된다면 빨리 안과를 찾아 정밀 검사를 받는다.

⑤ 안경을 써도 잘 보이지 않아요, 약시

약시는 눈에 아무런 이상이 없는데 정상적인 교정시력이 나오지 않는 상태를 말한다. 어렸을 때 근시, 원시, 난시 등의 굴절 이상이 심한데 제때 교정하지 않아 시력이 제대로 발달하지 않은 경우, 양쪽 눈의 굴절 정도에 차이가 있는 경우 약시가 생길 수 있다. 약시는 시력 발달이 끝난 후 안경을 착용해도 정상 시력이 나오지 않기 때문에 약시가 생기지 않도록 검진을 통해 발달 여부를 확인하는 것이 중요하다.

78

약 복용

———

*"아이에게 약을 먹일 때는 처방받은 약을
정해진 양만 먹이는 게 가장 중요합니다."*

아이에게 약을 먹일 때 가장 주의할 점은 처방받은 약을 정해진 양만 먹이는 것이다. 아이는 어른의 축소판이 아니며, 약물이 몸에 미치는 영향이 어른과 달라 함부로 어른 약의 양을 줄여 먹이거나 용량을 지키지 않고 대충 먹여서는 안 된다. 처방받은 약이 아니라 일반 의약품일 경우에도 임의로 사기보다는 아이의 건강 상태에 대해 약사와 충분히 상의한 후 사는 것이 좋다.

약 쉽게 먹이는 방법은 따로 있다?

아이들의 약은 대개 시럽과 가루약으로 처방된다. 가루약은 시럽에 넣어 잘 갠 다음 함께 먹이는데, 이때 한꺼번에 많은 양을 먹이기보다는 아이를 눕힌 뒤 조금씩 흘려 넣어 천천히 먹이는 것이 좋다. 혀 뒤쪽으로 흘려주면 약의 맛을 잘 느낄 수 없어 쓴맛에 대한 부담이 줄어든다. 특히 가루약은 시럽에 완전히 개야 하는데, 그렇지 않으면 약을 먹다가 가루가 기도로 들어가 기침이나 구토를 일으키게 한다.

가루약만 처방된 경우 가장 좋은 방법은 맹물에 개어 먹이는 것이지만, 대개의 아이는 쓴맛 때문에 무조건 거부 반응을 일으킨다. 이때는 소량의 물에 개서 젖꼭지에 발라주거나 손가락으로 입 안쪽에 발라주고 우유 같은 음료를 먹인다. 약을 잘 먹지 않을 때는 음료나 요구르트, 플레인 요구르트, 아이스크림 등에 섞어 먹여도 좋다. 단, 장염이 있을 때는 음식에 섞어 먹이지 않는다.

알약이나 캡슐제의 경우 7세 이하 어린이는 잘 삼키지 못하므로 될 수 있는 대로 먹이지 않는 것이 좋고, 만약 삼킬 수 있어 처방을 받았다 하더라도 의사나 약사의 지시 없이 마음대로 갈거나 부수고, 캡슐을 열어 가루 상태로 먹여서는 안 된다. 또 알약이 많거나 큰 경우 물만 삼키고 약은 삼키지 못할 수 있으므로 약을 먹인 후 입안에 약이 남아 있는지 꼭 확인하는 것이 좋다.

Q1. 어린이집에는 시럽과 가루약을 따로 보내야 하나요?

→ 미리 시럽과 가루약을 섞어 약병에 담아 보내도록 한다. 단, 미리 섞으면 안 되는 약도 있으니 약사에게 물어보고, 냉장 보관해야 하는 약은 투약 의뢰서에 냉장 보관을 요청한다.

Q2. 우유나 분유, 이유식에 섞여 먹어도 되나요?

→ 일반 약은 물론 항생제도 우유나 분유, 이유식에 섞여 먹여도 상관없다. 다만 먹다가 남기면 약을 덜 먹게 되고, 약 특유의 맛 때문에 나중에 우유, 분유, 이유식 자체를 거부할 수 있으므로 되도록 섞지 않는 것이 좋다. 부득이한 경우라면 평소보다 양을 줄여서 약을 모두 먹을 수 있게 해준다.

Q3. 식후 30분을 지켜야 하나요?

→ 아이들의 약은 식사와 상관없으므로 5~6시간 간격으로 먹이면 된다.

Q4. 하루 두 번 먹는 항생제를 점심에 처방받았어요.

→ 일반적으로 아침과 저녁에 먹이지만, 점심에 처방받았다면 점심과 저녁에 먹이면 된다.

Q5. 약 먹을 시간인데 자고 있어요. 깨워서 먹여야 하나요?

→ 고열이 나서 해열제를 먹여야 하는 것이 아니라면 굳이 깨워서 먹이지 말고 일어난 후에 먹여도 된다.

Q6. 아이가 약을 먹고 토했어요. 다시 먹여야 할까요?

→ 약을 먹고 15분쯤 지나 토했다면 다시 먹이지 않아도 된다. 단, 15분 이내에 토했다면 정량을 바로 다시 먹이도록 한다.

Plus Tip - 약에도 유통기한이 있다?

약국에서 사는 일반 의약품은 포장지에 유통기한이 표시되어 있으므로 그 기한을 지켜서 안전하게 복용하면 된다. 병원에서 처방받아 조제한 어린이 약은 주로 시럽이나 가루약인데 이 또한 지켜야 할 유통기한이 있다.

항생제 시럽 : 일주일

보통 건조 상태의 가루약을 물에 섞어 시럽으로 만든 것이기 때문에 냉장 보관하더라도 시간이 지나면 색이 변하거나 약효가 지속되지 않는다.

가루약 : 일주일

여러 제제가 섞였을 수 있으므로 지은 약이 일주일 이상 지났다면 바로 폐기한다.

단일 제제 시럽 : 1개월

실온에 보관하는 단일 제제 시럽은 1개월 이내에 복용하고 이후에는 폐기한다.

연고 : 개봉 후 6개월

오래된 연고는 약효가 떨어질 수 있다.

안약, 안연고 : 개봉 후 1개월

안약이나 안연고는 개봉 후 1개월이 지나면 세균이 번식할 수 있으므로 즉시 폐기한다.

79
양치질

"양치질은 이만 닦는 게 아니라
입속에 낀 음식물을 닦아내고 청결하게 하는 과정입니다."

아이는 태어나면서부터 양치질이 필요하다. 아직 이도 나지 않았고 먹는 거라곤 우유가 전부인 아이에게 굳이 양치질을 시켜야 하나 싶지만, 양치질은 단순하게 이만 닦는 것이 아니라 입속에 낀 음식물을 닦아내고 청결하게 하는 과정이기 때문이다. 더욱이 6개월 미만 아이들은 무엇이든 입으로 가져가기 때문에 입속을 닦는 일이 더더욱 중요하다.

6개월 미만 아이는 입속에 낀 음식물을 모두 닦아낸다는 생각으로 손가락에 거즈 수건을 말아 잇몸, 잇몸과 입술 사이, 볼 안쪽 부분까지 훔치듯 닦아준다. 물론 혀도 닦아주는 게 좋다. 우유를 먹는 아이의 혀는 우유 찌꺼기가 남아 하얗게 뭔가가 낀 것처럼 보이는데 이것을 곰팡이라고 생각하는 엄마들이 많다.

물론 아구창의 증상 중 하나일 수 있으나 모두가 그런 것은 아니다. 아구창은 곰팡이의 한 종류인 '칸디다'라는 균이 입안에서 자라 하얇게 백태가 끼는 것인데, 수포와 궤양의 일종이라 한 번 생기면 닿을 때마다 아파서 잘 먹지 못하고 칭얼대는 것이 특징이다.

혀의 백태가 아구창 때문일 수도 있지만, 단순히 우유가 낀 것일 수도 있으므로 혀에 백태가 발견되면 양치질을 할 때 거즈로 살짝 닦아보고 보이지 않으면 병원을 찾는다. 아구창은 6개월 미만 아이에게 잘 생기는데 모유나 우유 찌꺼기가 입속에 오래 남아 있거나 오염된 젖꼭지, 장난감이나 인형을 물거나 빨았을 때 생길 수 있다. 아구창 등 구강 질환을 예방하기 위해서도 양치는 필수다.

① 출생 직후부터 앞니가 나기 전

깨끗한 거즈에 끓였다가 식힌 물을 묻혀 입속 구석구석을 닦는다. 잇몸을 닦을 때는 세지 않게 꾹꾹 누르듯 닦아 마사지 효과를 내는 것이 포인트. 손가락에 끼우는 실리콘 칫솔을 사용할 경우 칫솔은 잇몸에만 사용하고 혀와 그 외 부위는 거즈 수건을 이용한다. 하루에 한 번 혹은 두 번씩 우유를 먹고 난 후에 하는 것이 적당하다.

② 앞니가 나온 다음

유아용 칫솔을 사용하기 시작한다. 이때의 아이들은 입에 무언가를 넣고 느끼는 것을 좋아하므로 칫솔을 일찍 접하게 하면 칫솔에 대한 저항감을 줄일 수 있다. 칫솔모는 짧고 밀집된 것으로 검지의 첫 마디보다 약간 작은 것을 선택한다. 손등에 문질러보았을 때 아프지 않고 부드러우며 아이가 잡고 사용해도 찔리지 않도록 지지대가 붙어 있는 것이 좋다. 양치질할 때는 볼 안쪽과 혀도 함께 마사지하듯 닦는다.

③ 어금니가 나기 시작

아이를 반듯하게 눕힌 후 어린이용 칫솔로 구석구석 닦아준다. 이때 적어도 치아 한쪽에 칫솔질을 20회 이상 반복한다. 치약을 뱉어낼 수 있는 나이가 될 때까지는 물로 닦거나 삼켜도 되는 무불소 치약을 사용한다. 치약의 성분 표시에 불소 유무가 쓰여 있지 않다면 불화나트륨, 피로인산나트륨을 확인하면 된다. 이 성분은 불소가 없다는 의미다. 치약은 맛이 순하고 연마제가 적게 들어간 것이 아이에게 좋다.

④ 만 3~4세 전후

치아 사이가 긴밀해지므로 칫솔질 외에 치실로 치아 사이를 닦아주는 게 좋다. 어린이용 불소치약을 깨알 3~4개만큼 마른 칫솔에 묻혀 닦고, 아이가 치약을 먹지 않고 뱉어낼 수 있도록 신경 쓴다. 아직 뱉어내지 못한다면 삼켜도 되는 무불소 치약을 사용한다.

누워서 닦아요

치아 사이사이와 구석구석에 칫솔모의 끝이 닿도록 칫솔을 기울여서 움직이는 것이 좋다. 엄마 다리 사이에 아이를 눕혀놓고 닦아주면 아이의 입속을 들여다보기 쉬워 깨끗이 닦아줄 수 있다.

순서대로 닦아요

왼쪽 위 어금니부터 시작해 왼쪽 아래 어금니 → 오른쪽 아래 어금니 → 오른쪽 위 어금니 → 위 앞니 표면 → 위 앞니 안쪽 → 아래 앞니 표면 → 아래 앞니 안쪽 순서로 닦아주는 것이 좋다. 이때 어금니는 씹는 부분을 앞뒤로 반복해서 닦고 바깥쪽과 안쪽은 치아가 난 방향으로 쓸어 닦는다.

꼼꼼히 닦아요

앞니는 엄마의 검지로 아이의 윗입술을 올려 앞니 표면이 잘 보이게끔 한 뒤 양치질한다. 치아를 위아래로 쓸어내리듯이 닦아주면 된다. 앞니 안쪽은 칫솔을 세워 큰 원을 그리듯 안쪽에서 바깥쪽으로 훑으며 닦는다. 아랫니도 같은 방법으로 반복하고 혀를 2~3회 닦아주면서 마무리한다. 치아에 칫솔모가 20회 정도 닿아야 치아 표면의 플라크를 제거할 수 있다는 사실도 잊지 말자.

80
열 관리법

"아침, 점심, 저녁 시간대별로 하루 세 번 체온을 측정하면
아이의 체온을 정확히 알 수 있습니다."

아이들은 보통 어른보다 체온이 높다. 돌 이전 아이는 37.5℃, 3세 미만 아이는 37.2℃를 평균 체온으로 보고 38℃ 이상이면 열이 난다고 판단한다. 하지만 체온이 38℃ 이상이어도 아이가 잘 먹고 잘 놀며 몸 상태 면에서 큰 차이가 없다면 39℃ 이하까지는 지켜보아도 좋다. 실내 온도가 너무 높거나 아이가 보채면서 잠시 체온이 오른 것일 수도 있기 때문이다. 만약 실내 온도가 높은 경우라면 온도를 좀 내리고, 아이가 보채거나 울었다면 좀 진정시킨 후 시차를 두고 체온을 다시 잰다.

체온은 시간에 따라서도 조금씩 다르다. 대개 오전 6시경이 가장 낮고 오후 6시경이 가장 높은데, 평균 1℃ 정도 차이를 보인다. 따라서 아이가 열이 나는지 정확하게 확인하려면 아침, 점심, 저녁 시간대별로 하루 세 번 체온을 측정하며 변화를 살펴야 한다. 이렇게 아이의 평균 체온을 알아두면 아이가 열이 나는지 아닌지를 좀 더 객관적으로 판단할 수 있다.

체온을 잴 때는 먼저 마른 수건으로 몸의 땀을 잘 닦은 뒤 체온계를 사용해야 정확하다. 땀이 증발하면서 체온을 즉각적으로 빼앗아 실제 체온보다 낮게 나올 수도 있다. 그리고 아이들은 몸의 움직임이 많아 정해진 시간을 지키지 못하고 체온계를 미리 빼면 더 낮게 나올 수 있다는 점도 기억한다. 체온을 재기 전에 뜨겁거나 찬 음식을 먹었을 때도 일시적으로 낮게 측정된다.

체온은 뇌의 시상하부라는 곳에서 조절하는데, 이 체온 조절 중추의 체온은 항상 37.1℃로 설정되어 있다. 그러나 감염 등의 원인으로 인해 시상하부의 체온이 39℃로 설정되면 우리 몸은 그 설정치에 도달하기 위해 몸에서 열 손실을 감소시키고 열의 생산을 증가시킨다. 그래서 우리 몸에 열이 나는 것이다.

해열제는 우리 몸의 열을 떨어뜨리는 역할을 한다. 그러나 물수건으로 몸을 닦아내는 처치는 시상하부의 체온 설정치는 그대로 두고 체온만 떨어뜨리기 때문에 체온이 다시 올라갈 수 있다. 물수건 처치를 하더라도 해열제를 먹여야 하는 이유다. 그리고 물수건을 만들 때는 미지근한 물을 사용해야 혈관을 확장해 열 발산을 증가시킨다.

질병에 따라 달라지는 열 나는 아이 식단

열이 나는 아이는 기본적으로 수분이 풍부하고 소화가 잘되는 음식, 넘기기 힘든 고형식보다는 유동식이나 마시는 식품을 먹인다. 우유나 요구르트와 같은 유제품, 과일은 멜론, 참외, 수박, 키위 등, 채소는 오이처럼 수분이 많은 것이 좋다. 단호박과 생강, 뿌리채소처럼 체온을 높이는 식품은 피하고 맵거나 뜨거운 음식도 피한다.

| CASE 1 | 감기

298

감기에 걸렸을 때는 수프나 국처럼 국물이 있어 먹기 수월한 음식이 도움이 된다. 하지만 열이 많이 나거나 목이 많이 부으면 아이스크림 등의 찬 음식이 더 좋을 수 있다. 찬 음식이 넘어가면서 부기를 가라앉히기 때문이다. '찬 사과를 먹으면 감기가 악화된다'는 말이 있는데 이는 근거 없는 낭설이다. 오히려 비타민 C를 보충해주어 좋다.

| CASE 2 | 장염

장염으로 인해 열이 날 때는 소화가 잘되는 쌀 음식을 먹이고, 우유로 만든 제품들은 되도록 삼간다. 장이 약할 때는 콩, 땅콩, 밀가루 음식도 좋지 않다. 섬유질이 많은 과일이나 채소도 소화가 잘 안 되므로 먹이지 않는 것이 좋다.

| CASE 3 | 바이러스성 구내염

바이러스성 구내염을 앓을 때는 자극적인 음식은 피하는 것이 좋다. 수분이 부족하기 쉬우니 보리차를 많이 마시게 하고, 부드럽고 시원한 아이스크림을 지나치게 차지 않도록 조금 녹여서 주는 것도 도움이 된다. 요구르트나 묽은 주스도 시지 않다면 좋다.

81
예방접종

"예방접종 후 최적의 면역 형성을 이루려면
지정된 날짜에 하는 것이 좋습니다."

아이들은 생후 24개월이 될 때까지 횟수도 가늠이 안 될 만큼 다양한 종류의 예방접종을 이어간다. 한 가지 접종을 마치면 병원에서 아기 수첩에 다음 예방접종 날짜를 기재하고 꼭 그날 병원을 찾으라고 당부할 만큼 예방접종은 시기가 중요하다.

문제는 접종할 날에 아이가 감기 등의 질병에 걸렸을 경우다. 아이 감기는 보통 짧으면 1주, 길면 2~3주까지도 가기 때문에 엄마는 접종을 강행할지를 두고 고민에 빠진다. 감기에 걸린 아이, 접종해야 할까, 아니면 상태가 호전될 때까지 기다려야 할까?

결론부터 말하면 열이 나지 않는다면 그냥 예정된 날짜에 주사를 맞히는 것이 좋다. 접종 시기는 예방접종이 가장 효과적일 때를 기준으로 잡기 때문에 1개월 정도 빠르거나 늦어도 면역 형성에 큰 지장은 없지만, 최적의 면역 형성을 이루려면 지정된 날짜에 하는 것이 좋다. 그리고 종류에 따라 어떤 것은 몇 주 늦어도 큰 문제가 되지 않지만,

시기가 절대적으로 중요한 예방접종도 있으므로 되도록 날짜에 맞춰 접종할 것을 권한다. 예방접종 시 유의해야 할 사항이 몇 가지 있다.

① 아이의 건강 상태를 가장 잘 아는 가족이 동행한다.

② 병원에 가기 전 집에서 체온을 잰 후 데려가고, 아기 수첩을 꼭 지참한다. (수첩 없이는 접종 불가)

③ 목욕은 되도록 접종 전날 시키고, 깨끗한 옷을 입혀 병원을 찾는다.

④ 예방접종을 하지 않았고 접종 대상자가 아닌 아이는 병원에 데려가지 않는다.

⑤ 접종 당일과 다음 날은 아이가 피곤하지 않게 과격한 놀이나 운동은 삼간다.

⑥ 접종 당일 목욕은 피하고, 이상이 없다면 접종 다음 날 목욕을 시킨다.

⑦ 접종 부위는 청결하게 유지한다.

⑧ 예방접종 후 고열이나 경련 등이 나타날 수 있으므로 되도록 오후 2시 이전에 접종하고, 만약 이와 같은 증상이 나타나면 자가 처치 없이 곧바로 의사의 진찰을 받는다.

만약 예방접종 시기를 놓쳤다면?

접종 간격이 길어져도 처음부터 다시 접종하지는 않으며, 접종 시기가 많이 지났을 경우 해당 접종 횟수를 1~2회 생략할 수 있다. 예방접종은 시기를 꼭 지키는 것이 우선이지만 여러 이유로 혹 늦어졌다면 아래의 방법을 따른다. 단, 2차 접종을 5일 이상 앞당기면 항체가 적절하게 형성되지 않거나 부작용 위험이 커질 수 있으므로 주의한다.

① **간염 예방접종**

최초 1회 접종 이후에 접종하지 못한 경우에는 되도록 빨리 두 번째 접종을 하고, 세 번째 접종은 두 번째 접종과 정상적인 간격을 두고 접종한다. 두 번째까지는 제대로 접종했는데 세 번째 접종만 늦어진 경우에는 늦어진 대로 세 번째 접종만 하면 된다. 접종이 늦었을 때 다른 제품으로 접종해도 상관없지만 가능하면 같은 제품으로 접종하는 것이 좋다.

② DPT

두 번째 접종이 늦어진 경우에는 곧바로 남은 횟수만 접종한다.

③ **소아마비**

돌 전 아이의 접종이 늦어졌을 때는 6~8주 간격으로 2회 접종하고, 2~12개월 후에 세 번째 접종을 한다. 4세 이전에 세 번째 접종을 한 경우에는 4~6세 사이에 추가 접종을 한다. 나이와 관계없이 불충분한 접종을 한 경우에는 총 세 번의 접종 중 부족한 횟수만큼 접종하면 된다.

④ **MMR**

MMR 접종이 늦어진 경우 7세 이전 아이는 최대한 빨리 1회 접종하고, 4~6세에 추가 접종을 한다.

⑤ **독감 예방접종**

독감 예방접종은 1회 접종 후 4주가 지나도 1회만 더 접종하면 면역 형성이 이루어진다.

⑥ **뇌수막염 백신**

생후 12~14개월에는 2개월 간격으로 두 번 접종하는데, 두 번째 접종은 다른 회사 제품이어도 상관없다. 생후 15개월 이후에 최초 접종한다면 한 번만 접종해도 된다.

⑦ 수두 백신

수두 백신이 늦어진 경우에는 되도록 빨리 1회 접종한다. 나이 제한은 없다.

Plus Tip - 필수 접종과 선택 접종의 차이는 뭔가요?

예산이 한정되어 필요한 모든 종류의 예방접종을 지원할 수 없어 비용 대비 효과, 질병의 위험성을 고려해 10가지 필수 접종 항목이 정해져 있다. 그러나 선택 접종도 하지 않으면 큰 병으로 이어질 수 있으니 필수 접종과 선택 접종 모두 꼭 맞혀야 한다.

82
유분증

---

*"유분증을 겪는 아이를 위해 집에서 부모가 해야 할 일은
아이를 안심시키는 것입니다."*

　유분증이란 아이가 최소 3개월 이상 대변을 보는 장소가 아닌 곳에
서 대변을 지리거나 고의로 대변을 보는 것을 말한다. 아이가 스스로
대소변을 가리고 혼자서 배변을 할 시기가 지난 최소 만 4세 이상일
때 진단을 내리며, 유분증의 원인은 여러 가지다.

① 신경발달학적 지연

　뇌 발달 자체가 더딘 신경발달학적 지연이 유분증의 원인일 수 있
다. 이 경우에는 지적 장애, 야뇨증, 언어 발달 장애, ADHD(주의력
결핍 과잉행동 장애) 등을 동반하는 경우가 많다.

② 심리적 원인

　대소변 가리기 훈련 과정에서 강압적인 부모의 태도로 인한 갈등과
투쟁 등이 원인이 되기도 한다. 혹은 부모에 대한 두려움과 분노, 아

이가 심리적인 충격을 받았을 때도 유분증이 생길 수 있다. 예를 들면 동생의 출산, 어린이집 등원, 부모의 별거나 이혼, 입원 등이 원인일 수 있다. 때때로 변기 또는 배변 자체에 대한 두려움으로 대변을 참다가 유분증이 생기기도 한다. 이때는 변비를 동반하는 경우가 많다.

아이를 안심시키는 것이 제일 중요하다

유분증을 겪는 아이를 위해 집에서 부모가 가장 먼저 해야 할 일은 아이를 안심시키는 것이다. 아이가 유분증 증상을 보이더라도 비난하거나 야단치지 말고, 언젠가는 대변을 잘 가리게 될 거라고 알려줘 배변에 대한 두려움을 없애는 것이 중요하다.

또한, 엄마 아빠가 자신을 여전히 사랑하고 있음을 확인시켜주어야 아이들은 안심한다. 대변 지리는 문제로 인해 엄마 아빠를 무서워하거나, 엄마 아빠를 무서워하는 심리적 이유로 대변을 지리는 등 부모와의 관계로 인해 유분증이 생길 수도 있다. 따라서 부모와 아이의 관계를 좋게 만드는 것이 유분증 개선의 핵심 해결 과제라고 할 수 있다.

① 스트레스로 인해 아이가 퇴행 현상을 보일 때 가장 중요한 것은 아이의 심리적 안정이다. 되도록 아이와 많은 신체 접촉을 하며 아이가 안정을 찾도록 돕는다.

② 관심을 끌기 위해 똥을 아무 데나 싸거나 지릴 때는 지나친 관심보다는 무심한 듯 넘어가는 것이 좋다.

③ 강압적인 배변 훈련을 하지 않는다. 대변을 가리지 못한다고 비난하고 야단을 치면 아이는 부모에 대해 두려움과 분노 등의 감정을 느낀다. 더욱이 부모의 바람대로 하지 못하는 자신에게 수치심, 죄책감 등을 느껴 유분증이 더 심해질 수 있다.

④ 변비에 좋은 음식을 먹인다. 변비로 인해 유분증이 생긴 경우라면 무엇보다 원활한 장운동을 위해 섬유질이 많은 음식을 먹이고 유

산균을 섭취하게 한다. 장운동을 위한 배 마사지도 도움이 된다.

⑤ 변기 자체에 두려움을 가진 아이라면 화장실이나 변기를 아이가 좋아할 만한 공간으로 꾸며 변기에 대한 적개심을 없애고 친근한 공간으로 인식시켜준다.

유분증이 의심된다면 소아정신과를 찾는다

만 4세 이상 아이가 유분증 증상을 보인다면 소아정신과를 찾아가 전문의와 상담한 후 치료를 받는 것이 좋다. 치료 시기가 늦어지면 좋지 않으므로 증상이 의심되면 바로 병원을 찾는다. 만일 만 4세 이전이라도 유분증 증상으로 인해 아이가 심리적으로 많이 위축되어 있다면 병원을 찾는 것이 좋다.

엄마와 아이의 관계가 매우 안 좋거나, 아이가 부모를 무서워하거나, 언어 발달 지연 등의 다른 발달 지연이 동반되어 보일 때도 즉시 병원을 찾는다. 병원에서는 놀이 치료를 통해 아이의 현재 불안과 무의식적 분노를 없애주며, 증상이 심할 때는 항우울제와 항불안제 등의 약물치료를 병행하기도 한다. 부모의 불화나 다른 형제자매의 편애 등 가족 간 갈등이 있는 경우에는 가족 치료와 함께 부모의 억압적이고 엄격한 훈육 태도를 개선하기 위한 부모 교육 등을 시행한다.

83
음경의 크기

"왜소 음경은 대부분 유전이나 체내 호르몬 불균형이 원인이에요."

아이의 음경 길이에 대한 고민으로 아이와 함께 소아비뇨기과를 찾는 부모가 의외로 많다. 그리고 병원을 찾은 대부분이 정상 소견이라는 결과를 받아들고 집으로 돌아가는데, 이는 대부분 음경이 숨어 있어 작아 보이는 경우이다. 음경이 숨은 원인은 포피 발달이 저조하거나 음낭 수종 혹은 음경 주위 젖살이 많아서다.

이와 같은 원인이 해결되면 비정상적으로 보이던 음경의 크기가 정상으로 돌아온다. 정확한 진단을 위해서는 소아비뇨기과 전문의에게 진료를 받아야 하지만, 음낭(고환이 들어 있는 주머니) 모양이 정상이고 고환이 만져진다면 대부분 정상이라고 생각하면 된다.

음경 크기 때문에 병원을 찾으면 의사는 일단 아이의 음경 길이를 측정한다. 길이 측정 방법은 아이를 뉜 후 음경을 손으로 당겨 치골에서 늘어난 음경의 길이를 재는 것이다. 이때 제 나이 정상 평균 길이의 -2㎝ 미만이면 치료가 필요한 '왜소 음경'이라 진단하고, 그 원인을 밝히기 위한 종합적인 호르몬 검사를 진행한다. 왜소 음경은 대부분 유전이나 체내 호르몬 불균형이 원인이다.

음경의 형성과 성장은 남성 호르몬인 테스토스테론의 영향을 받는다. 그래서 테스토스테론 생성에 장애가 있거나 고환의 기능 장애 또는 음경 내 남성 호르몬 자극에 대한 반응도가 낮아도 왜소 음경이 될 수 있다. 호르몬으로 인한 왜소 음경의 일반적인 치료 방법은 음경 성장에 필요한 테스토스테론을 충분히 보충해주는 것이다. 하지만 이 방법은 아이의 성장판을 일찍 닫게 해 성장 장애를 불러올 수 있으므로 남성 호르몬 보충 요법이 필요한 경우 최소한 12세는 넘어 시작하는 것이 안전하다.

우리나라 영유아의 평균 음경 길이(평균±표준 편차, cm)	
아래 기준과 -2cm 미만의 차이가 있다면 왜소 음경을 의심해볼 수 있다.	
신생아	3.3±0.5
0~1세	3.5±0.6
1~2세	4.1±0.7
2~3세	4.4±0.7
3~4세	4.4±1.0

왜소 음경은 아닌데 음경이 작아 보이는 이유

아이 음경이 작아 보여도 실제로 왜소 음경 진단을 받는 경우는 많지 않다. 가장 흔한 것은 함몰음경(매복 음경, 숨은 음경)으로, 선천적으로 음경 피부 아래 근막의 탄력성이 낮아 생기기도 하지만, 비만으로 음경의 상당 부분이 살 속에 파묻힌 게 원인인 경우가 많다. 음경 길이는 정상인데 치골 상부의 지방층 때문에 음경이 숨겨진 셈이다. 함몰음경의 경우 수술로 간단히 치료할 수 있지만, 비만이 원인이라면 먼저 비만 교정부터 하는 것이 더 바람직하다.

Plus Tip - *포경수술, 해주어야 할까?*

남자아이의 성기는 포피라는 피부가 덮고 있는데 이 상태를 포경이라 하고, 이 포피를 제거하는 수술을 포경수술이라 부른다. 예전에는 신생아 때 당연히 포경수술을 해야 한다고 생각했는데 요즘은 그렇지 않다. 신생아도 통증을 감지할 수 있어 정서 발달에 피해를 준다는 시각이 많아졌기 때문이다. 시기적으로는 스스로 수술의 필요성을 느낄 수 있는 초등학생 때 하는 것이 좋다.

포경수술의 장점은 요도 감염처럼 포피에 존재하는 세균으로 인한 감염 가능성이 현저하게 줄어든다는 것이고, 단점은 아이에게 스트레스를 주고 수술의 합병증이 생길 수 있다는 것이다. 그야말로 일장일단이 있는데, 결론부터 말하면 사춘기 때까지 소변을 보는 데 포경으로 인한 지장이 없다면 꼭 수술할 필요는 없다. 단, 아기라도 포경으로 인해 오줌을 잘 못 누거나, 귀두 포피염이라고 포피에 염증이 자꾸 생기거나, 포피가 뒤로 젖혀진 채 원위치로 잘 안 돌아갈 때는 수술이 필요하다.

84
이 빠지는 시기

"이가 다소 늦게 빠지거나 나더라도
순서에 맞게 차례로 빠지고 나면 아무런 문제가 없어요."

　아이들의 발육에 따라 약간의 차이는 있지만 평균 만 5~6세 무렵부터 젖니가 빠지고 영구치가 나온다. 세 돌(약 33개월) 전에 젖니 치열이 완성되고 만 5~6세부터 제일 안쪽의 큰 영구치인 어금니가 나오는데, 이 어금니는 영구치로 빠지지 않는다.

　보통 아래 앞니가 제일 먼저 빠지기 시작하고 위 앞니는 만 6~7세, 송곳니와 작은 어금니는 초등 3~4학년, 마지막 유치인 큰 어금니는 5~6학년 무렵 빠지면서 차례로 영구치가 나온다. 유치에서 영구치로 교환되는 시기는 아이들에 따라 좀 더 빠르거나 늦는 경우도 많으므로 이가 좀 늦게 난다고 해서 특별히 문제가 되지는 않는다. 다만 영구치인 어금니가 너무 빨리 날 때는 아이의 서툰 칫솔질 때문에 충치가 상대적으로 더 잘 생길 위험이 있다.

　이가 다소 늦게 빠지거나 나더라도 순서에 맞게 차례로 빠지고 난다면 큰 문제가 되지 않는다. 단, 특정 치아 한두 개가 비정상적으로 늦어진다면 치과에서 확인해볼 필요가 있다.

유치는 되도록 치과에서 뽑는다

지금의 엄마들이 어렸을 때만 해도 이가 흔들리면 실을 걸어 뽑곤했는데, 요즘은 치과에 가서 발치하라고 권하는 추세다. 흔한 경우는 아니지만 만에 하나 집에서 유치를 빼다 뿌리가 남으면 영구치가 나오는 데 지장을 주거나 세균에 감염될 수 있기 때문이다.

유치가 저절로 빠질 때까지 그냥 내버려 두는 엄마들도 있는데 이는 바람직하지 않다. 유치가 저절로 빠지려면 엄청난 흔들림이 있어야 하는데, 아이가 흔들리는 치아 때문에 칫솔질을 제대로 하지 못하면 흔들리는 치아 부위의 잇몸에 문제가 생기기도 한다. 또한, 비정상적인 방향으로 영구치가 날 수 있으므로 치아가 어느 정도 흔들린다면 치과에서 발치 문제를 확인하는 것이 좋다.

유치가 빠지면 바로 영구치가 올라온다. 이때 세균에 감염되지 않도록 주의하고 음식 섭취 후 양치질을 꼼꼼히 하는 등 구강 관리에 신경을 써주어야 한다. 치아는 잇몸 밖으로 올라왔다고 해서 완성된 것이 아니다. 발치 후 상당 기간 뿌리가 만들어지는 등 내적 성숙이 이뤄지는데, 치아가 잇몸 밖으로 나오고 있는 동안에는 치아의 내적 성숙도가 떨어질 수밖에 없다. 이때 충치가 생기기 쉬우므로 각별한 주의가 필요하다.

유치가 빠지고 영구치가 막 나오기 시작할 때는 미성숙한 상태라 칫솔질이 어렵다. 이 시기에는 모가 조금 짧은 칫솔을 사용하고 잇몸 부위도 잘 닦아주는 것이 좋다. 또 아이들은 어른보다 충치가 급속도로 진행되기 때문에 이상이 생겼다면 바로 치과에 방문하도록 한다.

Plus Tip - *영구치가 나지 않는 아이들*

영구치 결손에 대해 전문가들은 특별히 요즘 아이들에게 나타나는 특이 사항이라기보다는 전보다 치과를 자주 방문하고 검사를 받아 발견율이 높아진 것일 수 있다고 얘기한다. 특정 치아가 나지 않는 경우가 흔하지는 않으나 종종 발견되는 것은 사실이므로 치과 검진을 통한 확인 절차가 필요하다.

사랑니를 제외한 모든 영구치의 치아 배열을 확인할 수 있는 만 4~5세경 치과에서 파노라마 사진을 촬영해보면 치아 결손 유무를 확인할 수 있다. 이때 영구치가 발견되지 않았다면 치아 발육이 늦을 가능성도 있으므로 1~2년 후 재촬영해 확진해야 한다. 결손 치아가 있는 것으로 확인된 유치는 가능한 한 성장 완료 시까지 발치하지 않고 사용하는 것이 좋다. 성장이 끝난 후에 발치해 임플란트나 브리지 등의 보철 치료를 받는다.

85
잦은 소변

*"소변 횟수보다는 소변을 자주 보는 원인이 무엇인지
파악하는 게 급선무입니다."*

소변을 보는 이상적인 양과 횟수는 정해져 있지 않다. 수분 섭취량이나 몸의 탈수 정도에 따라 큰 차이가 있기 때문인데, 보통 하루에 4~7회 정도 소변을 본다. 또한, 소변을 자주 보는 것 자체가 몸에 안좋은 영향을 주는 게 아니므로 횟수보다는 소변을 자주 보는 원인이 무엇인지 먼저 파악하도록 한다.

보통 4~8세경에 흔히 발생하는 게 바로 '주간빈뇨증후군'인데, 이 증상은 어느 날 갑자기 나타나는 경우가 많다. 한 시간에 요의를 수차례 느껴 그때마다 화장실에 가지만 막상 나오는 소변의 양은 얼마 되지 않는다. 또 잠자기 직전에 여러 번 화장실을 가지만, 막상 잠이 들면 중간에 깨서 화장실에 가거나 이불에 실수하는 경우는 별로 없다.

수일에서 수주 안에 증상이 소실되는 경우가 많으며, 약물치료는 별 도움이 되지 않는다. 변비와 연관이 있기도 해 변비 치료를 하면 증상이 호전되기도 한다. 그 밖에도 소변을 자주 보는 원인은 크게 두 가지를 꼽을 수 있다.

① 스트레스

방광은 자율신경계의 조절을 받는다. 스트레스는 자율신경계에 영향을 준다고 알려져 있는데, 방광 수축에도 영향을 줘 스트레스를 받으면 소변을 자주 보기도 한다. 그러나 아이들은 스트레스를 객관적으로 측정하기가 어려워 스트레스와 방광 수축 간 관계가 과학적으로 증명되지는 않았다.

따라서 스트레스와 소변 보는 횟수의 상관관계를 명확히 정의할 수는 없는데, 통상 학기 초에 소아비뇨기과를 방문하는 아이들이 조금 늘어나는 편이라고 한다. 또한, 의사들이 야뇨증이나 배변 관련 문제를 진료할 때 반드시 입학 & 졸업, 이사, 동생의 출생 등의 스트레스 여부를 확인하는 것으로 미뤄보아 아이들이 갑작스러운 스트레스를 받으면 갑자기 소변을 자주 볼 수도 있다.

② 관심 끌기용

아이가 쉬 마렵다고 하면 부모는 만사 제쳐두고 아이를 화장실로 데려간다. 어떤 아이들은 이러한 부모의 관심을 즐기고 부모의 관심을 끌기 위해 혹은 부모의 관심을 다른 곳으로 돌리기 위해 소변을 자주 보기도 한다. 이런 경우에는 아이의 "쉬 마려." 소리에 일일이 대응하지 말고 무시하며 다른 행동에 더 많은 관심을 주면 시간이 지날수록 점차 사라지는 모습을 보인다.

소변으로 우리 아이 건강 살펴보는 법

우리 몸의 대표적인 체액 두 가지가 바로 혈액과 소변이다. 혈액은 채혈을 통해서만 건강 상태를 파악할 수 있지만, 소변은 집에서도 항시 살펴볼 수 있다는 장점이 있다. 어린아이의 채혈이 쉽지 않다는 점을 미뤄볼 때 집에서 아이 소변만 잘 살펴도 아이의 건강 상태를 쉽게 파악할 수 있다.

아이 소변으로 질병에 대한 많은 정보를 얻을 수 있는 것은 사실이다. 그러나 농도가 비교적 안정적으로 유지되는 혈액과 달리 소변은 몸속 수분 상태에 따라 농도가 매우 크게 변한다. 따라서 집에서 맨눈으로 보고 소변의 냄새를 맡아 아이의 건강 상태를 확실히 진단하기는 어렵다.

가장 정확한 것은 병원에서 소변 검사를 통해 확인하는 것이다. 아이의 소변에서 다음의 증상들이 보인다고 해서 과도하게 걱정할 것은 없으나, 질병의 신호일 수도 있으니 의심된다면 병원을 찾아 정확한 검사를 받는 것이 좋다.

① 거품이 많은 소변

소변에는 우리 몸의 여러 가지 노폐물이 섞여 있고 이것이 나오면서 거품을 만들기도 한다. 대개의 거품은 정상이지만 간혹 당뇨나 단백뇨가 있기도 하므로 거품의 양이 지나치게 많은 것 같다면 검사를 받아 본다.

② 붉은 소변

아이들의 소변, 특히 영아에게서 붉은 소변이 보인다면 대개는 요산이 섞여 나온 것으로 정상이다. 맑고 붉은색을 띠며 시간이 지나도 색이 거의 변하지 않는다. 또 붉은색 음식을 먹었거나 색소가 들어 있는 약을 먹었을 때 소변이 붉게 나오기도 한다. 그러나 소변에 피가 섞여 나왔다면 병원을 찾아 확인하는 것이 좋다. 요도감염이 있거나 요로결석, 신장에 이상이 있을 수도 있기 때문이다.

③ 색이 진한 소변

수분 섭취가 적을 때 소변 색이 짙은 노란색을 띤다. 또 날이 더우면 땀을 많이 흘려 소변이 진해지기도 한다. 아이의 소변이 진하다 싶으면 수분 섭취를 늘려줄 것. 수분 섭취를 늘리면 대개 소변의 양도 늘어나고 색도 정상으로 돌아온다. 그러나 수분을 충분히 섭취하고 소변의 양이 적지 않은데도 짙은 노란색을 띤다면 소아청소년과를 찾아 진찰을 받아보길 권한다. 정확한 진단은 소변 검사를 통해서만 알 수 있다.

Plus Tip - *아이들에게 흔한 요로감염*

아이가 소변을 볼 때 아파하고 찔끔찔끔 지리는 경우가 많다면 요로감염을 의심해보아야 한다. 요로감염에 걸리면 감염 위치에 따라 배가 아프기도 하고 열이 나는 등의 증상을 동반한다. 아이들의 경우 신장과 방광, 신장과 요도 사이의 거리가 짧고 면역력이 약하기 때문에 요로감염이 잘 생긴다. 요로감염은 항생제 치료로 비교적 쉽게 완치할 수 있으니 요로감염이 의심되면 바로 병원을 찾아 치료를 받자. 또 증상이 사라졌다 하더라도 균이 완전히 없어져야 재발하지 않으므로 병원에서 됐다고 할 때까지 항생제 치료를 계속한다.

요로감염을 줄이려면 사타구니를 씻을 때 비누보다는 물로 깨끗이 씻겨주고, 아이가 소변을 참지 말고 자주 보게 하며, 물을 많이 먹여 방광을 자주 씻어내게 한다. 또 손으로 성기를 자주 만지는 아이들은 특히 손을 잘 씻어야 세균에 오염되는 것을 막을 수 있다. 여자아이라면 대변을 봤을 때 앞에서 뒤로 닦아주는 것이 좋다.

86
중이염과 청력

―――

"중이염을 내버려 두면 청력 저하를 불러올 수 있으며,
차후 언어 발달과 사회성 발달에도 문제가 될 수 있습니다."

중이염은 코와 귀를 연결해 압력을 조절하는 기관인 이관에 바이러스나 세균이 들어가 염증을 일으키는 것으로, 아이들의 이관이 어른보다 중이염에 걸리기 쉬운 구조로 되어 있다. 아이들은 코와 중이를 연결하는 이관이 짧고 수평에 가까워 목감기나 코감기로 인해 생긴 염증이 귀로 전달되기 쉽다.

따라서 중이염은 주로 감기와 비염의 합병증으로 발생하기 때문에 감기에 잘 거리는 아이들이 중이염에도 잘 걸린다. 무엇보다 중이염은 한 번 앓으면 반복해서 앓을 확률이 높은 질환이라는 것이다.

고막은 재생이 빠른 조직이다

급성 중이염이 발생하면 중이강 내에 삼출액이 고이는데, 이 삼출액이 점차 화농성으로 변하고 압력이 높아져 일정 수준을 넘으면 고막을 터뜨리고 외이도로 흘러나온다. 이런 경우를 일반적으로 '고막이

터졌다', '고막이 손상되었다'라고 표현한다. 하지만 너무 걱정할 필요는 없다. 고막은 재생이 빠른 조직이라 적절한 치료를 하면 금세 자라나 이전 상태로 회복된다. 또 중이강 내에 삼출액이 고이면 마치 귀에 물이 들어가 먹먹한 것 같은 일시적인 난청 현상이 생길 수 있는데, 이것 또한 적절한 치료를 통해 물이 차는 것을 해결하면 난청도 자연스럽게 사라져 청력에 지장을 주지 않는다.

하지만 중이염을 제때 치료하지 않고 내버려 두면 청력 저하를 불러올 수 있다. 유아기 때의 청력 저하는 단순히 청력만의 문제가 아니라 제대로 듣지 못해 말을 잘 못 하면 언어 발달과 사회성 발달에도 문제를 일으킬 수 있다. 따라서 중이염은 빨리 알아차리고 제때 치료를 받는 것이 가장 중요하다.

혹시 우리 아이도 중이염일까?

말을 잘 못 하고 표현이 서툰 영유아는 귀가 아파도 제대로 표현하지 못하는 경우가 대부분이다. 이럴 때는 아이의 행동을 잘 살피도록 한다. 중이염의 증상은 다음과 같다.

□ 아이가 자꾸 귀를 문지르거나 잡아당긴다.

□ 감기를 앓는 중 갑자기 38℃ 이상의 고열이 난다.

□ 귀에서 분비물, 피나 고름이 난다.

□ 자꾸 보채고 운다.

□ 잘 듣지 못한다.

아이들은 귓구멍에서 고막까지, 즉 외이도가 어른보다 짧아 상대적으로 음압이 높다. 같은 소리라도 어른보다 더 크게 느끼고 소음에 대한 피로도가 높으며, 큰 소리에 자주 노출되면 청신경이 손상될 수도 있다. 따라서 아이들을 야구장, 노래방, 기타 사람들이 많이 모이는 시끄러운 곳에 데려가는 등 과도한 소음에 자주 노출하는 것은 바람직하지 않다. 또 실내나 차 안에서 TV나 음악 소리가 너무 크지 않도록 주의한다.

아이를 부득이하게 큰 소음에 일정 시간 이상 노출시킬 때는 이어 머프를 사용하는 것이 좋다. 이어 머프는 청력에 유해할 수 있는 큰 소리만 완화하는 도구로 모든 소음을 차단하는 귀마개와는 다르다. 하지만 낮잠을 잘 때마다 이어 머프를 착용시키는 식으로 남용하는 것은 좋지 않다. 소음에 전혀 노출되지 않고 자라면 아이가 작은 소리에도 민감하게 반응할 수 있기 때문이다.

Plus Tip - 귀지가 가득 차 있어요.

귀지는 지저분해 보이긴 하나 귀 건강에는 매우 중요한 역할을 한다. 귓속의 습도를 조절해 지나치게 건조해지지 않게 하고, 외부의 세균 등을 막는 역할을 한다. 필요 이상의 귀지는 운동이나 신체의 움직임에 따라 저절로 밖으로 나오므로 굳이 귀지를 제거해줄 필요는 없다.

다만 귀지가 많이 쌓여 귀 막힘 증상이 발생하는 경우 이물감, 가려움증이 발생할 수 있다. 아이가 큰 귀지 때문에 가려움을 호소한다면 병원을 찾아 귀지를 제거한다. 집에서 귀지를 뺄 경우 아이가 움직이면서 외이도나 고막에 손상을 입힐 수 있으므로 주의한다.

87
코골이

---

*"다양한 증상으로 코를 골 수 있지만
호흡 장애를 유발하는 코골이라면 치료가 꼭 필요합니다."*

아이가 잠을 자는 동안 코를 고는 것은 코가 아닌 입으로 호흡하기 때문이다. 입으로 숨을 쉬면 기도가 좁아지면서 입천장 근육이나 혀, 목젖 등 관련 조직에 진동이 일어나는데, 그 진동으로 코 고는 소리가 난다. 아이들은 생후 1년까지는 코로만 호흡하기 때문에 코와 입으로 모두 호흡을 시작하는 돌 이후부터 서서히 코를 고는 아이가 생긴다.

아이가 코를 고는 이유 역시 다양하다. 낮 동안 쌓인 피로 때문이거나 스트레스 때문일 수도 있다. 하지만 이런 경우는 대개 하루 이틀 정도만 신나게 코를 골고 다시 잠잠해진다. 코감기로 콧속 점막이 부어오르거나 콧속에 분비물이 가득 차도 코로 숨을 쉴 수 없을 때 일시적으로 코를 골 수 있다. 이것 역시 감기가 나으면 자연히 코골이도 좋아진다.

비염이나 축농증 등의 코 질환이 있을 때도 코감기와 같은 이유로 코를 고는데, 이 역시 증상이 있을 때만 코골이 증상이 나타나고 상태가 호전되면 코골이 증상 역시 사라진다. 물론 비염, 축농증 등의 증상이 나타나면 병원에서 치료를 받아 증상을 빨리 호전시켜야 한다.

문제는 구개편도와 인두편도(아데노이드)가 커진 경우다. 코골이와 그로 인한 수면 무호흡증을 호소하는 아이들의 80%는 바로 이 편도나 아데노이드가 지나치게 커져서다. 편도 및 아데노이드는 태어난 이후 5~6세까지 점점 커지면서 기도의 국소 면역을 담당하는데, 기도보다 편도 및 아데노이드가 상대적으로 커지면 기도가 좁아지고 구강호흡을 유발, 코골이의 주요 원인이 된다.

더 큰 문제는 이것이 수면 무호흡증으로 발전할 수 있다는 점이다. 수면 무호흡증은 어른에게도 위험하지만. 아이에게는 아주 다양한 이유로 치료가 꼭 필요한 질병이다.

소아 수면 무호흡증이 위험한 이유는?

아이들은 어른보다 호흡이 무척 중요한데, 그 이유는 아직 성장 중이기 때문이다. 그래서 무호흡 기준도 무척 엄격하다. 어른은 1시간에 5회 이상 무호흡이 나타나면 무호흡증으로 분류하지만, 아이는 1시간에 1회 이상만 무호흡이 나타나도 무호흡증으로 분류한다. 아이의 기도는 어른보다 좁아서 기도가 조금만 좁아져도 자는 동안 산소 공급이 감소하고 이산화탄소가 체내에 저류되기 때문이다.

무호흡증으로 인한 부작용은 의외로 많다. 깊은 잠을 자지 못해 성장 호르몬 분비가 감소하고, 뒤척이면서 잠을 자기 때문에 칼로리 소모가 많아져 성장 장애를 일으킨다. 또 자는 동안 산소 공급이 감소하고 그로 인해 낮 동안 집중력이 떨어져 학습 장애의 위험 또한 높다, 계속해서 입으로 호흡을 하게 되면 5세에서 10세 사이에 무턱이나 주걱턱 등으로 진행될 수도 있다. 아이가 습관적으로 '드렁드렁' 코를 골면서 입을 벌리며 자고 중간중간 무호흡 증상을 보인다면 의사의 진단을 반드시 받도록 한다.

코골이와 수면 무호흡증의 차이

많은 사람이 코골이와 수면 무호흡증을 혼동하는데, 코골이와 수면 무호흡증은 다른 질병으로 봐야 한다. 코골이는 수면 중 비정상적인 소리가 나는 형상으로 코골이 자체를 병으로 보기는 어렵다. 그러나 코골이로 인해 시간당 심장이나 호흡에 5회 이상 영향을 주면서 산소포화도가 떨어진다면 수면 무호흡증이 된다.

코골이는 소리를 듣거나 자는 모습 등으로 어느 정도 확인할 수 있지만, 수면 무호흡증은 수면다원검사를 통해서만 확진할 수 있다. 어른의 경우 무호흡 코골이가 많지만, 어린아이의 경우 저호흡을 동반한 코골이가 많다. 수면 무호흡 없이 지속적인 저호흡만 해도 주간 각성 장애, 행동 장애, 체중 감소 등의 증상을 유발할 수 있다. 따라서 아이가 무호흡 증상은 보이지 않는데 코골이가 심하다면 수면 장애를 의심해 볼 필요가 있다.

다음 증상 중 두 가지 이상이 발견된다면 소아 수면 장애일 가능성이 있다. 아이에게 수면 장애가 있고, 특히 수면 중 호흡에 문제가 있는 것으로 보인다면 수면 전문의가 있는 병원을 방문해 수면다원검사를 받아본다.

☐ 코를 골거나 불규칙하게 숨을 쉰다.

☐ 숨이 잦아들다가 갑자기 거칠어진다.

☐ 입을 벌리고 잔다.

☐ 조그만 소리에도 놀라며 자주 깬다.

☐ 심하게 뒤척이면서 잔다.

322

□ 다리를 반복적으로 차거나 움찔거린다.

□ 주로 옆으로 누워서 자거나 엎드려서 잔다.

□ 악몽을 자주 꾸거나 꿈의 내용에 따라 손발을 허우적거린다.

Plus Tip - *수면다원검사란?*

· ·

수면다원검사는 수면에 대한 정밀 검사로 병원에 하루 입원해 18가지 센서를 머리부터 발끝까지 붙이고 자는 검사다. 뇌파, 안전도, 턱 근전도를 통해 우리가 일반적으로 이야기하는 렘수면과 비렘수면의 단계를 구분한다. 또 호흡기류 센서, 마이크로폰, 흉부 움직임 벨트, 혈중 산소농도 측정 센서를 통해 수면 중 호흡이 원활한지 검사한다. 양쪽 다리와 팔에 센서를 붙여 수면 자세를 알아보고, 수면 중 움직임을 관찰해 기록하며, 이 모든 과정을 합해 수면 상태를 검사한다. 수면다원검사는 정확한 판독을 통해 원인과 치료 방법을 찾는 것이 중요하므로 수면 전문의가 있는 병원에서 검사를 받는 것이 좋다.

88
콧물
———

"콧물의 점도와 색깔로
아이의 건강 상태를 알 수 있어요."

물과 단백질, 항체와 염분 등으로 이루어진 액체가 부비강을 통해 목부터 위까지 흘러내리는데 이것이 바로 콧물이다. 콧물은 비강과 건조한 공기를 촉촉하게 유지하는 역할을 하는데, 건강한 사람은 흐르지 않고 건강에 문제가 생겼을 때 흘러나온다. 콧속이 건조하면 콧속 섬모 운동이 정지되고, 이로 인해 쉽게 염증을 일으키며 분비물이 증가하면서 콧물이 흐르게 된다.

일반적으로 콧물은 단순 감기인 급성 비염과 알레르기 비염, 부비강염으로 인해 생긴다. 흔히 코감기라고 하는 급성 비염은 주로 바이러스로 인해 코안을 덮고 있는 비점막에 발생한 염증성 질환으로 감염성 비염이라고도 한다. 급성 비염은 감기가 나으면서 저절로 없어지는 경우가 많고 약물치료를 통해 증상을 완화할 수 있으며, 증상의 정도에 따라 맑은 콧물에서 누런 콧물까지 나타난다.

알레르기 비염은 일 년 내내 또는 매년 반복해서 환절기에 맑은 콧물이 갑자기 쏟아져 나오는 경우다. 피부 반응 검사나 혈청 검사를 통해 진단하며, 원인 물질을 피하거나 항히스타민제와 국소 스테로이드 분무제로 증상을 완화할 수 있다. 누런 콧물이 지속해서 나온다면 부비강염을 의심할 수 있으며, 항생제 치료를 받아야 한다.

① 콧물의 점도로 질환 알아보기

① 맑은 콧물

울 때 나오는 게 맑은 콧물이다. 급성 비염의 초기나 혈관신경성 비염, 코 알레르기 등이 있을 때 생긴다.

② 희고 끈적끈적한 콧물

코에 물혹이 생겼거나 부비강염일 때 생긴다.

③ 누렇고 진득진득한 콧물

유아나 어린아이는 코안에 이물질이 들어 있는 경우가 많다.

④ 피가 섞인 콧물

비강 디프테리아나 악성 종양을 의심할 수 있다.

② 콧물의 색깔로 건강 상태 알아보기

① 투명 콧물

물과 단백질, 항체와 염분으로 이루어진 정상적인 콧물이다.

② 하얀 콧물

염증으로 코가 부어오르고 막힌 상태로 코가 천천히 흐른다. 습기를 잃어 점점 탁해지는데, 이는 염증이나 감기의 감염 신호일 수 있다.

③ 노란 콧물

감기나 염증 감염이 진행 중인 상태로 10~14일간 지속된다.

④ 초록 콧물

면역 체계와 세균 감염 사이로 죽은 백혈구 등의 잔해들로 콧물 색이 탁해진 것이다. 12일이 지나도 여전히 아프다면 박테리아 감염인 축농증을 의심할 수 있다.

⑤ 빨간 콧물

콧속 조직에 상처가 나 출혈이 생긴 것이다.

⑥ 검정 콧물

심각한 병균을 통한 감염으로 주로 면역력이 약한 경우 발생한다.

어린아이일수록 코 안이 쉽게 붓고 잘 막힌다

코가 막히면 호흡이 곤란해지면서 뇌와 폐, 심장, 위장 순환이 둔해지고, 영유아의 경우 성장을 방해할 수도 있다. 어린아이일수록 숨 쉬는 공기의 양에 비해 콧구멍이 작고 좁은 편이라 미세한 자극에도 코안이 쉽게 붓고, 그로 인해 분비물이 생겨 코가 잘 막힌다. 코 막힘을 뚫어주는 방법을 알아두면 많은 도움이 된다.

① 컵에 따뜻한 물을 담아 김을 쐬게 하거나, 수건에 따뜻한 물을 적셔 아이 코 위에 살짝 덮어놓는다.

② 안경을 쓸 때 코에 닿는 부분을 50회 정도 꾹꾹 눌러준다

③ 천연 성분의 비강 스프레이나 생리식염수를 이용해 코를 촉촉이 적셔 살짝 풀게 한다.

④ 집 안이 건조하지 않도록 가습기나 젖은 빨래 등을 이용해 50~60% 정도의 습도를 유지해준다.

시중에 다양한 코 막힘 해소용 제품이 나와 있는데, 아이의 코 막힘

에는 이런 제품들보다 생리식염수를 사용하는 것이 가장 좋다. 체내 점막에 자극이 적고 특별한 약품을 첨가하지 않아 많이 써도 내성이나 부작용이 생기지 않는다. 단, 코 세척 전용 무방부제 멸균 생리식염수를 사용할 것. 약국에서 파는 코 세척 전용 식염수 스프레이는 주요 성분을 확인하거나 전문의의 처방을 받아 사용하는 것이 좋다.

아이의 코가 막히면 수동식 콧물 흡입기나 전동식 콧물 흡입기, 코막힘 스프레이 등을 사용하는데, 한두 번은 괜찮으나 너무 자주 사용하는 것은 좋지 않다. 자꾸 반복해서 콧물을 뽑으면 점막이 메마를 수 있고, 자칫 코에 있는 유익한 성분까지 몽땅 제거해버려 코안이 헐고 콧물도 더 찰 수 있기 때문이다.

89
키 크기

"성장 호르몬 분비에 도움 되는
운동, 수면, 영양, 스트레스 관리를 잘해주세요."

아이들의 키를 좌우하는 것은 성장 호르몬이다. 성장 호르몬이 나와야 키가 큰다. 따라서 아이의 키를 키우기 위해서는 성장 호르몬이 잘 분비되는 환경을 만들어주는 것이 중요하다. 일반적으로 운동, 수면, 영양, 스트레스 등이 성장 호르몬 분비에 영향을 미친다.

① 운동 : 햇볕 쬐며 뛰놀기

적당한 운동은 성장 호르몬 분비를 촉진한다. 또 뼈가 튼튼하게 자라려면 칼슘이 필요한데, 칼슘의 흡수를 돕는 비타민 D는 햇볕을 통해 피부에서 만들어진다. 따라서 하루에 20분 이상 햇볕을 쬐며 뛰놀게 하고, 자기 전에 '쭉쭉이' 체조나 스트레칭을 통해 성장판을 자극해주면 도움이 된다.

② 수면 : 성장 호르몬은 잘 때 분비된다

성장 호르몬 분비와 수면은 떼려야 뗄 수 없는 관계다. 성장 호르몬은 잘 때 나오기 때문이다. 일반적으로 성장 호르몬은 밤 10시에서 새벽 2시 사이에 가장 활발하게 분비되는 것으로 알려져 있다. 따라서 적어도 밤 10시 전에는 아이를 재워 성장 호르몬 분비를 도와주어야 한다.

③ 영양 : 단백질 중심의 식단 짜기

영양분은 몸을 만드는 재료다. 어릴 때부터 다양한 음식을 먹어야 나중에도 편식하지 않고 잘 먹게 되므로 다양한 영양분이 골고루 담긴 엄마표 식단 짜기에 전념할 필요가 있다. 또 단백질은 성장 호르몬의 재료로 식단을 짤 때 아이가 항상 단백질을 섭취할 수 있도록 신경 써야 한다.

④ 스트레스 : 성장 호르몬의 적

수면, 운동, 영양은 성장 호르몬을 분비시키는 반면 스트레스는 성장 호르몬을 억제하는 최대의 적이다. 아무리 좋은 음식을 먹고 운동을 하고 일찍 자도 스트레스를 많이 받으면 무용지물이 된다. 평소 아이의 스트레스 정도를 잘 파악해 스트레스를 적절히 해소할 수 있게 도와준다.

성장 호르몬 주사, 과연 마법의 주사일까?

Q1. 아이 키가 작다는 것은 언제부터 알 수 있나요?

→ 돌이 지난 아이의 키가 매년 4㎝ 이하로 자라고, 현재의 키가 자기 나이의 표준보다 10㎝ 이상 작으면 왜소증을 의심할 수 있다. 성장 호르몬 결핍증으로 최종 판명되면 성장 호르몬 주사를 맞게 된다.

Q2. 성장 호르몬 주사를 맞으면 누구나 키가 크나요?

→ 성장 호르몬 주사를 맞으면 누구나 키가 클 거라는 생각은 잘못이다. 성장 호르몬 주사는 성장 호르몬이 결핍되었거나 염색체 이상으로 키가 아주 작은 왜소증 환자를 위한 치료제다. 검사 결과 현재 키는 작지만 성장 호르몬이 정상적으로 분비되는 아이에게 인위적으로 성장 호르몬 주사를 놓으면 오히려 부작용이 생길 수 있다.

Q3. 성장 호르몬 치료는 어떻게 받는 건가요?

→ 성장 호르몬 치료는 일찍 시작해야 효과를 볼 수 있다. 초등학교 저학년 때 시작하는 것이 좋으며, 한 번 처방받으면 병원에 갈 필요 없이 집에서 직접 주사기로 팔뚝이나 엉덩이, 허벅지 등 피하지방에 주사한다. 성장 호르몬 치료는 최소 6개월 이상, 대개 1년 이상 장기간 받아야 좋은 효과를 기대할 수 있다. 보통 6개월 정도 치료한 후 경과를 보고 치료 지속 여부를 결정한다. 치료를 받은 아이 중 60~80%는 대개 6개월 이내에 키가 자라는 속도가 빨라진다.

Q4. 성장 호르몬 주사를 맞아도 효과가 없기도 하다는데 이유가 뭔가요?

→ 성장 호르몬 주사는 단지 키를 키우는 데만 효과가 있는 것이 아니다. 성장 호르몬은 질병 치유와 피로 회복 기능을 하고, 체지방을 분해하며, 뼈의 길이를 성장시킨다. 따라서 어려서부터 잔병치레가 많은 아이, 과한 활동으로 피로가 누적되어 저체중인 아이, 체지방량이 22% 이상으로 비만한 아이들이 성장 호르몬 주사를 맞을 경우 성장 호르몬이 온전히 뼈 길이 성장에 쓰이지 못해 큰 효과를 보지 못할

수도 있다. 또 병적인 저신장보다는 유전적인 저신장 아이들의 경우 유전적 특징이 너무 강해 치료 효과가 잘 나타나지 않기도 한다.

Q5. 성장 호르몬 분비가 정상인 아이가 주사를 맞으면 키가 훨씬 더 크나요?

→ 성장 호르몬 분비가 정상인 아이가 성장 호르몬 주사를 맞으면 오히려 부작용이 따를 수 있다. 성장 호르몬이 정상으로 분비되는 아이의 몸에 인위적인 성장 호르몬을 투입하면 몸 안에서 그동안 정상적으로 만들던 성장 호르몬을 더 적게 만들거나 아예 만들지 않을 수 있다. 또 부작용으로 당뇨병이 생기거나 갑상선 기능이 저하될 수도 있다. 성장 호르몬 주사는 반드시 전문의에게 검진을 받은 후 성장 호르몬 결핍일 경우에만 투여해야 한다.

90
틱 장애

"틱은 생각보다 많은 아이에게서 나타나는 흔한 질병으로
단순한 습관과는 차이가 있습니다."

틱은 갑작스럽고 빠르며, 반복적·비율동적, 같은 행동을 반복하는 움직임이나 소리를 말한다. 아이들이 특별한 이유 없이 얼굴이나 목, 어깨, 몸통 등 신체 일부분을 아주 빠르게 반복적으로 움직이거나 이상한 소리를 내는 것을 말하는데, 움직이는 것을 운동 틱(근육 틱), 소리를 내는 것을 음성 틱이라고 한다. 이 두 가지 틱 증상이 모두 나타나면서 전체 유병 기간이 일 년이 넘으면 틱 장애라고 한다.

틱은 타고난 생물학적 요인에 의해 발병한다. 가족력 등의 유전적인 요인, 뇌의 구조적·기능적 이상, 뇌의 생화학적 이상, 호르몬, 출산 과정에서의 뇌 손상, 세균 감염과 관련된 면역 반응 이상 등이 틱의 발생과 관련 있는 것으로 알려져 있다. 환경 및 심리적인 요인에 의해 악화 또는 완화될 수도 있다. 불안, 스트레스, 걱정, 피곤, 흥분 등은 틱을 발생시키고 악화시키기도 하지만 심리적인 원인으로만 틱이 발생하지는 않는다.

틱 장애는 다양한 증상으로 나타난다

틱은 시간에 따라 증상의 정도가 변한다. 파도가 밀려오듯 갑자기 증상이 심해졌다가 며칠 뒤에는 잠잠해지는 식으로 증상의 정도 변화가 많은 질환이다. 증상을 보이는 위치도 어느 날은 눈을 깜빡이다가 며칠 후에는 코를 킁킁거리는 식으로 변할 수도 있다. 틱은 운동 틱과 음성 틱으로 나뉘고, 각각을 단순형과 복합형으로 구분한다.

① 단순 근육 틱

눈 깜박거리기, 얼굴 찡그리기, 머리 흔들기, 입 내밀기, 어깨 들썩이기.

② 복합 근육 틱

자신 때리기, 제자리에서 뛰어오르기, 다른 사람이나 물건 만지기, 물건 던지기, 손 냄새 맡기, 남의 행동 그대로 따라 하기, 자신의 성기 부위 만지기, 외설적인 행동하기.

③ 단순 음성 틱

킁킁거리기, 가래 뱉는 소리내기, 기침 소리내기, 빠는 소리내기, 쉬 소리내기, 침 뱉는 소리내기.

④ 복합 음성 틱

사회적인 상황과 관계없는 단어 말하기, 욕설 뱉기, 남의 말 따라 하기.

틱은 12~13세경에 증상이 가장 악화하고 사춘기가 지나면서 많이 호전되는 양상을 보인다. 그러나 증상이 일괄적으로 줄어들기보다는 악화와 완화가 반복되다가 결과적으로 점차 약해진다. 틱 장애의 경우 30~40%는 완전히 증상이 없어지며, 30%는 증상이 있더라도 심하지 않은 정도다. 일부 아동은 어른이 되어도 증상이 이어지기도 하지만 전체적으로 예후가 좋은 편이다. 특히 음성 틱은 완전히 사라지는 경우가 많다.

가장 좋은 대응법은 증상을 무시하는 것

틱 증상을 보이는 아이의 부모가 할 수 있는 최선의 대응책은 아이가 틱 초기 증상을 보일 때 아무런 관심을 보이지 않는 것이다. 일부러 혹은 고의로 증상을 만들어내는 것이 아니라 뇌의 이상에서 비롯되는 병이므로 아이를 나무라거나 비난하고 지적해서도 안 된다. 모르는 척하면서 지켜보다가 증상이 계속 진행될 경우 전문적인 치료를 받는다.

아이가 단순한 버릇으로 틱과 비슷한 행동을 할 때는 아이에게 욕구 불만, 애정 결핍 등의 원인이 있는지 살펴보고 원인을 해결해주도록 한다. 원인은 무시한 채 단순히 습관과 행동만 교정하려고 하면 그 습관은 없어지지만 다른 안 좋은 습관이 생기는 경우가 많다.

91
휜 다리

"7세 이후에는 골격이 성인의 형태를 갖추기 때문에
교정이 어렵다는 사실을 기억하세요."

　신생아의 다리가 휜 듯 보이는 것은 이상한 일이 아니다. 태아기에 엄마의 좁은 자궁 속에서 웅크린 자세로 있어 영아기에는 약간의 'O (오)자형' 다리로 보일 수 있다. 6~7세가 지나야 비로소 다리가 곧게 펴지는데, 18개월 이후에도 'O(오)자형' 다리가 심하다면 선천적으로 병적인 'O(오)자형' 다리를 의심해봐야 한다. 후천적으로는 무릎을 꿇거나 W 자세로 앉아 무릎 내측(경골 내측 상단부)이 지속적인 스트레스를 받으면서 성장 저해가 오고 다리뼈가 휜 것일 수 있다.

　우리나라와 일본은 습관적으로 무릎을 꿇는 좌식 생활을 하기에 안 짱다리 같은 회전 변형의 휜 다리를 가진 아이를 많이 볼 수 있는데, '크면 좋아지겠지' 하고 그대로 놔두면 안 된다. 7세 이후에는 골격이 성인의 형태를 갖추기 때문에 교정이 어려워진다. 아이의 다리가 휘었다면 크면서 곧게 펴지는지, 다른 이상은 없는지 계속 지켜보고, 이상이 있다 싶으면 바로 병원 치료를 받도록 한다.

휜 다리가 성장판 자극을 방해한다

생리적인 'O(오)자형' 다리는 대개 시간이 지나면 좋아지지만 시기가 지난 후에도 아이의 다리 모양이 지나치게 휘었다면 병적인 'O(오)자형' 다리를 의심해볼 필요가 있다. 1차로 다리가 펴지는 18~24개월 시기가 지나도 다리가 심하게 휘어 있다면 블런트씨병, 구루병, 골이형성증 등 병적인 'O(오)자형' 다리일 가능성이 있는데, 이런 경우 무엇보다 조기 발견이 중요하다. 만 3세 이전에 치료하면 교정은 가능하지만, 만 3세가 넘으면 치료 효과가 떨어지기 때문에 수술 요법이 필요할 수 있다.

'O(오)자형' 다리는 보기에 안 좋을 뿐만 아니라 키 성장에도 나쁜 영향을 미친다. 올바른 성장을 위해서는 성장판 자극이 잘 이뤄져야 한다. 성장판은 발이 땅에 닿을 때 자극을 받는데 골격이 올바르게 정렬되어야 이 자극이 원활하게 이루어진다. 그러나 O(O)자형 다리, X(엑스)자형 다리, 안짱다리처럼 다리가 휘거나 틀어졌거나 심한 평발일 때 성장판 자극이 효율적으로 이루어지지 않는다.

그 결과 키 성장이 더딘 것은 물론 나이가 들어 관절염과 같은 근골격계 통증이 따를 수 있고, 감수성이 예민한 청소년기에 휜 다리로 인한 정서적인 문제가 생길 수도 있다. 아이들의 성장에는 원활한 영양 공급과 운동만큼이나 바른 자세로 제대로 된 골격을 만드는 것이 중요하다.

휜 다리가 안짱걸음으로 이어질 수 있다?

회전 변형으로 인한 휜 다리가 심해지면 안짱걸음으로 이어질 수 있다. 안짱걸음이란 대퇴골, 정강이뼈, 발 중 한 가지에 이상 변형이 생겨 걸을 때 발이 안쪽으로 향하는 현상을 말한다. 미관상 좋지 않을뿐더러 자기 발에 걸려 넘어져 다치기 쉽고, 성장 장애와 퇴행성 관절염의 원인이 되기도 한다.

아이가 안짱걸음을 걸으면 강압적으로 걸음걸이를 고치려 하거나 신발 좌우를 바꿔 신게 하는 등 걸음걸이 습관을 바꾸려고 하는 경우가 많은데, 이는 아이에게 스트레스만 줄뿐 치료는 되지 않는다. 안짱걸음은 하나의 증상이지 원인이 아니기 때문이다. 아이가 열이 나면 의사가 단순히 해열제 처방으로 끝내는 것이 아니라 목과 귀, 폐를 살펴보며 열이 나는 원인을 찾는 것처럼 안짱걸음 역시 원인을 찾아 분석한 후 근본적인 치료를 하는 것이 무엇보다 중요하다.

안짱걸음 증상을 확인하기 위해서는 반드시 대퇴골, 정강이뼈, 발을 각각 분리해서 살펴보고 원인이 어느 부위에 있는지 알아야 한다. 또 아이의 나이와 심한 정도를 정확히 파악해야 올바른 치료가 가능하다. 심하지 않을 때는 자세 교정과 운동 치료만으로도 교정은 가능하지만, 그 정도가 심할 경우 장치를 이용한 교정 치료를 해야 한다.

| 참고 문헌 |

『갑상선 질환 이겨내기』 제프리 R.가버 저, 조윤커뮤니케이션

『내 아이를 위한 감정 코칭』 조벽 · 최성애 · 존 가트맨 저, 한국경제신문사

『마음 맑음 시리즈 - 형제자매 갈등 대처하기』 최명선 저, 이담북스

『부모 트레이닝 가이드북』 노구치 케이지 저, 베이직북스

『삐뽀삐뽀 119 소아과』 하정훈 저, 그린비라이프

『소아정신과 의사 서천석의 아이와 함께 자라는 부모』 서천석 저, 창비

『신의진의 아이 심리 백과』 신의진 저, 갤리온

『신의진의 아이 심리 백과 3~4세 편』 신의진 저, 걷는나무

『아빠의 임신』 tvN 기획특집 아빠의 임신 제작팀 저, 예담

『아이가 똑똑한 집, 아빠부터 다르다』 김영훈 저, 베가북스

『아이의 다중지능』 윤옥인 저, 지식너머

『엄마 학교』 서형숙 저, 큰솔

『오은영의 마음처방전, 성장』 오은영 저, 웅진리빙하우스

『우리아이 괜찮아요』 서천석 저, 예담프렌드

『육아고민 해결사 수퍼내니』 Q TV · 정주영 저, 중앙 M&B

『잔소리 없이 내 아이 키우기』 손석한 저, 경향미디어

『장유경의 아이 놀이 백과, 0~2세』 장유경 저, 북폴리오

『화내는 엄마, 눈치 보는 아이』 장성오 저, 위닝북스

『홍대리의 아빠 수업 콘서트』 이서윤 저, 행복한 미래

『3세 아이에게 꼭 해줘야 할 49가지』 중앙 M&B 편집부 저, 중앙 M&B